KOMPLEXE SYSTEME

GRUNDRISS

W0194462

VERTIEFUNGEN

ANHANG

1 WAS IST KOMPLEXITÄT?

Komplex oder kompliziert?

Komplex erscheint zunächst nur als ein modischer Ersatz für *kompliziert*, das sich seinerseits für das deutsche Wort verwickelt eingebürgert hat. Gibt es tatsächlich einen sachlichen Unterschied zwischen kompliziert und komplex? Kompliziert ist ein System, das schwierig zu überblicken ist, dessen geduldige Analyse aber eine Zerlegung in Untereinheiten erlaubt, also eine Auflösung der »Verwicklung«. Mit Hilfe der übersichtlichen Teile wird ein Verständnis des Gesamtsystems möglich.

Für ein komplexes System, im Deutschen vielleicht am besten durch »vielschichtig« wiedergegeben, ist diese Art der Unterteilung nicht möglich, oder präziser, sie trägt nicht zum Verständnis des Gesamtsystems bei: Gerade die Vernetzung vermeintlicher Einzelteile prägt wesentliche Eigenschaften des Gesamtsystems, die mit Hilfe der getrennten Teile entweder nicht erfasst werden oder gar nicht existieren. Man spricht hier von Emergenz, oder etwas alltagstauglicher: Das Ganze ist mehr als die Summe seiner Teile.

Ein Auto bietet sich als Beispiel an: Es besteht aus vielen Einzelteilen oder auch Funktionseinheiten, die alle für sich verständlich sind und einem bestimmten Zweck dienen, den sie, so die Konstrukteure gut gearbeitet haben, auch erfüllen. Einmal zusammengebaut, ergibt sich eine neue Eigenschaft: Das Auto fährt!

Was wäre nun ein System, das ›nur‹ kompliziert ist? Vielleicht die verwickelten Gassen in einer typischen italienischen Altstadt, z.B. Florenz: Fast alle von ihnen sind Einbahnstraßen, aber wenn man einmal das Prinzip durchschaut hat, nach dem die Einbahnregelung aufgebaut ist, hat sich die Verwicklung gelöst und man findet sich gut zurecht. Eine kleine Änderung macht aus diesem komplizierten System ein komplexes System: Wenn die Richtung der Einbahnstraßen je nach Verkehrsbelastung flexibel gehandhabt würde, stadtauswärts oder stadteinwärts, dann entsteht ein Rückkopplungsmechanismus, der wesentlicher Bestandteil vieler komplexer Systeme ist. Er macht es unmöglich, die Richtung der Einbahnstraße zuverlässig vorherzusagen, sie hängt von den Verkehrsteilnehmern selbst ab. Unvorhersagbarkeit wiederum assoziieren wir mit chaotischem Verhalten, sind also komplexe Systeme einfach nur chaotisch?

Komplex oder chaotisch?

Sicher kann man sagen: Ein komplexes System trägt auch chaotische Züge. Der Umkehrschluss gilt allerdings nicht, chaotisch impliziert nicht notwendigerweise komplex. Rein chaotisches Verhalten ist nicht komplex, auch wenn eine kleine Änderung der Anfangsbedingung große Folgen haben kann. Das lässt sich besser verstehen, wenn man bedenkt, dass rein chaotisches Verhalten mit zufälligem Verhalten insofern verwandt ist, als beide (über längere Zeiten) nicht voraussagbar sind. Intuitiv werden wir aber einem zufälligen Muster keinen hohen Komplexitätsgrad zuschreiben, einem hochorganisierten Ameisenstaat aber schon. Informatiker und Logiker haben mit dem Begriff der ›logischen Tiefe‹ ein Maß formuliert, das sowohl einem regulären als auch einem zufälligen Muster einen niedrigen Komplexitätsgehalt zuordnet. Die Grundidee der **algorithmischen Komplexität** liegt darin, ein komplexes System durch seinen minimalen Informationsgehalt zu charakterisieren. Ob dies nun eine Beschreibung der Elemente im System ist und etwa ihrer zeitlichen Entwicklung oder z. B. nur der Vorschrift, nach der sich diese Elemente entwickeln, spielt keine Rolle.

S. 112

Allerdings wird der Informationsgehalt und die damit assoziierte Komplexität stark von der jeweiligen Beschreibung ein und desselben Gegenstandes abhängen, wie das folgende Beispiel deutlich macht: Nehmen wir an, eine Seite Text soll an einen anderen Ort elektronisch übertragen werden. Um als Fax gesendet zu werden, wird sie gerastert und digitalisiert. Das bedeutet die Erzeugung einer großen Menge von Koordinaten, denen schwarze oder weiße Pixel zugewiesen werden. Nicht nur Buchstaben, auch kleine Verunreinigungen im Papier werden zu schwarzen Pixeln codiert. Es entsteht eine höchst umfangreiche und unüberschaubare Datenmenge, die man, ohne ihre Bedeutung zu kennen, für komplex halten könnte. Werden dagegen die Buchstaben der Wörter nach einem Schema codiert, wie dies in allen Computern nach internationalen Normen geschieht, und dann z. B. als E-Mail gesendet, ist der Aufwand und die Menge an Information erheblich geringer, das System erscheint weniger komplex.

Hieran wird auch eine Schwierigkeit deutlich, die bei der Einschätzung der Komplexität eines Systems auftritt: Sie zielt auf die minimale Information, mit der man das System beschreiben kann. Abgesehen von Systemen, die von vornherein mittels eines gegebenen Algorithmus erzeugt werden, also mit einer Vorschrift, die man kennt, kann man nie sicher sein, ob man die Beschreibung mit dem geringsten Aufwand bereits gefunden hat, die Komplexität also nicht überschätzt wird.

Mit dem quantitativen Aspekt des minimalen Informationsgehalts ist mit Komplexität in natürlicher Weise formuliert, was schon seinerzeit Ernst Mach (1838–1916) mit seiner Denkökonomie als Ziel der Wissenschaft ausgerufen hatte: die einfachste Beschreibung für Phänomene zu finden. Allerdings geschieht dies mit der Thematisierung der Komplexität heutzutage in radikal anderer Weise als zu Machs Zeit, in der man die Einfachheit als Gegensatz zu der eingangs diskutierten Kompliziertheit begriff und noch weit davon entfernt war, die Vielschichtigkeit des Komplexen angemessen in den Blick zu nehmen.

Von der Linearität über das Chaos zur Komplexität

Wahrscheinlich exisitieren in der realen Welt nur komplexe Systeme – vor 20 Jahren hätte in diesem Satz statt komplexe Systeme vielleicht chaotische Systeme gestanden, vor 200 Jahren lineare Systeme (auch wenn damals der Begriff noch nicht existierte). Dies zeigt den Fortschritt unserer wissenschaftlichen Entwicklung und darf uns gespannt machen auf die Zukunft. Naturwissenschaft, die sich der Mittel des reproduzierbaren Experiments und der Mathematik bedient, geht natürlicherweise davon aus, dass man ein bestimmtes System als Teil aus dem Gesamtzusammenhang herauslösen und dann isoliert als solches untersuchen und verstehen kann. In der Tat war und ist diese Art des Reduktionismus sehr erfolgreich, zuallererst im Bereich der unbelebten Natur, der Domäne der Physik. Hier ging es lange darum, überhaupt den Aufbau und die Prinzipien der Materie, also vorwiegend ihre Struktur zu verstehen. Wesentlich hierfür ist das Extremalprinzip. Es besagt, dass in einem abgeschlossenen System, welches nicht mehr Energie mit der Umgebung austauscht, ein Zustand minimaler Energie realisiert ist. Kleine Abweichungen von diesem im Allgemeinen stabilen Zustand bewirken dementsprechend kleine Änderungen. Dies ist der Gültigkeitsbereich der linearen Physik.

Schon im 19. Jahrhundert war durch Henri Poincaré, der die Bewegung dreier Himmelskörper untersuchte, klar, dass sich selbst ein abgeschlossenes System hochgradig nichtlinear verhalten kann und damit chaotisch ist. Aber erst vor etwa 25 Jahren begann eine breite Akzeptanz für Chaos als dem neben linearen Phänomenen ebenso wichtigen Pol nichtlinearer Phänomene in der Naturbeschreibung. Mit ziemlicher Sicherheit darf man annehmen, dass das neue Interesse für Chaos mit der Möglichkeit einherging, nichtlineare Phänomene zu simulieren. Hierzu sind beachtliche Computerressourcen notwendig, die erst um diese Zeit verfügbar wurden. Parallel dazu wurde ein mathematisches Instrumentarium entwickelt, welches Chaos präzise beschreibt und in seinen Unterschieden klassifiziert.

Heute ist Chaos und Irregularität als ebenso wichtig akzeptiert wie reguläres Verhalten. Aber wie meistens im ›wahren Leben‹ gibt es in der Natur weder ganz reguläre noch rein irreguläre Phänomene. Vielmehr dominieren Systeme, die beide Elemente enthalten und dadurch höchst facettenreich und vielschichtig, eben komplex sind. Mit aller Vorsicht, da die Forschung an komplexen Systemen eigentlich noch am Anfang steht, betrachten wir diese Charakterisierung als Arbeitsdefinition: Komplexes Verhalten ist ein solches mit Brüchen, zwischen Chaos und Regularität, oder wie es Karl Ziemelis kürzlich prägnant formuliert hat: »Komplexes Verhalten ist solches am Rande des Chaos«.[6] In der Tat offenbart der Weg ins Chaos (nicht das Chaos als Endpunkt selbst) viele der Elemente, die im Umgang mit komplexen Systemen eine Rolle spielen: Selbstähnlichkeit und Skaleninvarianz, Fraktale, kritisches Verhalten, Universalität sind Stichworte, die wir zu diskutieren haben werden.

Was aber hat diese Arbeitsdefinition mit dem Begriff von Komplexität zu tun, den wir eingangs anhand der Emergenz zur Diskussion gestellt hatten? Im Wesentlichen handelt es sich dabei um den Unterschied zwischen induktivem und deduktivem Vorgehen, um komplementäre Beschreibungen ein und desselben Sachverhaltes.

Im folgenden zweiten Kapitel werden wir anhand des Weges ins Chaos Elemente komplexen Verhaltens deduktiv beschreiben und kennen lernen. Danach nähern wir uns im dritten Kapitel komplexem Verhalten erneut, diesmal aber induktiv mit Hilfe zellulärer Automaten. Sie bestehen aus vielen einfachen Untereinheiten, den Zellen, die vernetzt neues, komplexes Verhalten zeigen. Zelluläre Automaten simulieren so die gleichzeitige Entwicklung der gekoppelten Elemente eines nichtlinearen Systems. Heute, im Zeitalter der Parallelprozessoren in Computern ist uns dies durchaus vertraut. Granulare

Systeme, wie sie vielfach in der Natur vorkommen, werden im vierten Kapitel thematisiert. Sie lassen sich durch zelluläre Automaten beschreiben und weisen exemplarisch emergente Eigenschaften auf.

Komplexes Verhalten und Komplexität

Bisher haben wir komplexes Verhalten und Komplexität praktisch synonym benutzt. Das ist aber nicht ganz gerechtfertigt, denn *complexity* ist ein systemtheoretischer Ansatz, der bis in die 6oer Jahre des vergangenen Jahrhunderts zurückreicht. Die Wurzeln kann man sogar noch früher im Wiener Kreis, dem erkenntnistheoretischen Programm von Rudolf Carnap und dem berühmten **Gödel'schen Unvollständigkeitssatz** sehen sowie in den fast zeitgleich von Alan Mathison Turing erfundenen **Turingmaschinen**. In der Tat handelt es sich bei diesen Wurzeln der Komplexität um ein Grenzgebiet zwischen Philosophie und Mathematik respektive Informatik, das wir anhand der schon erwähnten **algorithmischen Komplexität** kurz streifen werden. Es beinhaltet interessante Fragen nach dem Wechselspiel zwischen dem theoriebildenden Subjekt und dem zu beschreibenden Objekt. Die frühen Formalisierungen von Komplexität in andere Wissenschaften getragen zu haben und dort immer aufs Neue fruchtbar zu machen ist sicher ein großer Verdienst des privaten Forschungsinstituts für Komplexität in Santa-Fe, des Santa-Fe-Institute. Zu nennen sind hier auch die epochalen Beiträge der beiden Nobelpreisträger Manfred Eigen und Ilya Prigogine sowie das Lebenswerk von Hermann Haken, der den Begriff der Synergetik prägte. Komplexitätsforschung im Allgemeinen ist daher heute ein sehr weites Feld, das wirtschaftliche, gesellschaftliche und psychologische Phänomene mit einschließt.[7]

Wir werden uns hier auf den engeren Rahmen komplexer Systeme in den Naturwissenschaften konzentrieren, die wir dadurch definie-

S.109
S.111
S.112

ren, dass sie komplexes Verhalten zeigen, sich also durch erscheinende Komplexität auszeichnen. Häufig entsteht komplexes Verhalten durch die wiederholte Anwendung einer einfachen Prozedur, also durch so genannte Iteration. In einem solchen Fall ist die logische Tiefe gering, während die erscheinende Komplexität dagegen groß ist. Nachdem wir uns in den ersten Kapiteln in komplementärer Weise, deduktiv und induktiv, dem Phänomen komplexer Systeme nähern, illustrieren die letzten Kapitel fünf bis sieben exemplarisch komplexes Verhalten in den Gegenstandsbereichen Chemie, Biologie und Physik.

2 KOMPLEXE PHÄNOMENE AUF DEM WEG INS CHAOS

Im Folgenden werden wir anhand der Modellierung des Generationenverhaltens einer Tierpopulation auf deduktivem Weg Einsicht gewinnen in die wesentlichen Elemente komplexen Verhaltens. Dazu gehören Selbstähnlichkeit, Kritikalität und Empfindlichkeit gegenüber Anfangsbedingungen, um nur einige der wichtigsten Stichworte zu nennen, denen wir im Folgenden noch oft begegnen werden. Einen parallelen, induktiven Einstieg in komplexes Verhalten bietet das dritte Kapitel über zelluläre Automaten. Die zeitliche Zu- und Abnahme einer Tierpopulation, der Umsatz einer Firma, ganz allgemein Wachstumsprozesse, können unerwartete Entwicklungen zeigen, von einer Stabilität über lange Zeiträume, über zyklisches Verhalten bis hin zu einem langsamen Niedergang. Der Grund dieser Vielfalt der Phänomene liegt an den Rahmenbedingungen begrenzter Ressourcen, welchen die Wachstumsprozesse unterliegen. Hierdurch kommt es zu einem Rückkopplungsmechanismus, der Nichtlinearität erzeugt und damit die Möglichkeit von Chaos und komplexem Verhalten eröffnet.

Szenarien und Phänomene am Beispiel einer Tierpopulation

Wenn man sich eine Population von Kaninchen vorstellt, die sich mit einer bestimmte Rate vermehren, so wird diese Rate durch das zur Verfügung stehende Nahrungsangebot beeinflusst. Gibt es wenige Kaninchen, dann steht pro Kaninchen viel Nahrung zu Verfügung, die Reproduktionsrate erhöht sich. Dadurch entstehen viele Kaninchen, was die Nahrung je Kaninchen reduziert und zu sozialem Stress führt, es kommt zu einer Verringerung der Reproduktion. Aufgrund dieser Überlegung erwartet man ein zyklisches Verhalten der Population. Dies kommt in der Tat vor, ist aber nur eines der vielfältigen Phänomene, die auftreten. Für unser Beispiel sind mindestens drei sehr unterschiedliche Szenarien denkbar, je nach gegebenen Umweltbedingungen:

Szenario I: Man kann eine fast beliebige Menge von Kaninchen aussetzen, nach einigen Generationen pendelt sich die Population auf einen stabilen Wert ein.

Szenario II: Über mehrere Jahre (Generationen) oszilliert die Population zwischen einem Maximal- und einem Minimalwert, z. B. mit einer zweijährigen Periode. Dies ist das oben angesprochene zyklische Verhalten.

Szenario III: Die Population schwankt von Generation zu Generation sehr stark, zeigt chaotisches Verhalten.

Überraschenderweise sind diese Phänomene mit einer einzigen, einfachen mathematischen Vorschrift, die wir unten im Detail diskutieren werden, formalisierbar. Dabei zeigt sich, dass die verschiedenen Szenarien durch Veränderung der Stärke der Rückkopplung auseinander hervorgehen und dem universellen Prinzip der Selbstähnlichkeit gehorchen.

Universelle formalisierte Beschreibung

Es war der belgische Mathematiker und Soziologe Pierre François Verhulst (1804-1849), der kurz vor seinem Tod dieses Wachstumsverhalten bei begrenzten Ressourcen zum ersten Mal mathematisch modellierte, und zwar mit einer Gleichung, die später die logistische Gleichung genannt wurde. Die logistische Abbildung wiederum ist eine in der Zeit diskretisierte Form der Gleichung. Dies heißt, dass die Abbildung das Verhalten einer Variablen, zum Beispiel der Generationsstärke x einer Population, nicht kontinuierlich in der Zeit beschreibt, sondern nur in diskreten Schritten. Dies ist so, als ob man die Population in einem festgelegten Gebiet jedes Jahr einmal zählen würde (was übrigens durchaus üblich ist in der Biologie, um Wanderungstendenzen etc. zu erfassen). Die Größe der Population im n-ten Jahr nennen wir dann x_n, z. B. ist x_3 die Population im dritten Jahr. Wenn r die Reproduktionsrate ist, dann wird die nächste Generation mit der vorigen über $x_{n+1} = r \cdot x_n$ zusammenhängen. Dies ist eine typische iterative Vorschrift, die, oft angewandt, eben iteriert, zu überraschenden Resultaten führen kann. Dabei drückt man x_n als Bruchteil der größten jemals vorkommenden Population aus. Dies garantiert, dass alle x_n kleiner als eins sind.

Wenn wir mit den Urahnen x_0 beginnen, so ist die nächste Generation durch $x_1 = r \cdot x_0$ gegeben. Setzten wir dieses Ergebnis wiederum in $x_2 = r \cdot x_1$ ein und iterieren damit die Abbildung, so ergibt sich $x_2 = r \cdot r \cdot x_0$, oder kurz $x_2 = r^2 \cdot x_0$. Fortgesetzt bis zur n-ten Generation erhält man mit $x_n = r^n \cdot x_0$ ein exponentielles Wachstum. Konkret: Wenn wir annehmen, dass jedes Elternteil pro Jahr zu zwei Nachkommen führt, dann ist $r = 2$ und jede Generation ist doppelt so groß wie die vorige.

Man kann die Generationenfolge leicht graphisch konstruieren. Dazu zeichnen wir x_{n+1} in ein Diagramm nach oben auf der y-Achse ein und x_n nach rechts auf der x-Achse. Oft schreibt man ganz allgemein x (die Werte auf der x-Achse) für x_n und y oder $f(x)$ (die Werte auf der y-Achse) für x_{n+1}. Die Wachstumsfunktion $f(x) = r \cdot x$ ist nun einfach eine Gerade mit der Steigung r (fett in Abb. 1a). Zusätzlich benötigen wir noch eine Gerade $y = x$ (dünn in Abb. 1). Mit diesen beiden Geraden kann man in einfacher Weise die Abfolge der Generationen x_0, $x_1, x_2, ...$ bestimmen. Zeichnet man jeweils x_n auf der x-Achse, so kann man x_{n+1} auf der y-Achse ablesen: Ausgehend von x_0 auf der x-Achse wird der Wert senkrecht nach oben verfolgt, bis man die fette Kurve trifft (Wachstumsfunktion) – deren Wert ist bereits x_1 und kann direkt horizontal auf der y-Achse abgelesen werden. Geht man horizontal statt auf die y-Achse auf die dünne Linie $y = x$, und dann wieder senkrecht nach unten auf die x-Achse, so hat man x_1 zurück auf die x-Achse gebracht. Damit kann x_1 als Ausgangspunkt für eine erneute Iteration dienen, die zu x_2 führt, da ja $x_2 = f(x_1)$ gilt. Die Zickzackkurve ist die abgekürzte Darstellung, die direkt zu einer höheren Iteration x_n, in Teil (a) zu x_4, führt.

Man erkennt in Abbildung 1a, wie sich mit der Reproduktionsrate $r = 2$ die Populationsstärke von Generation zu Generation verdoppelt. Es entsteht ein unbeschränktes, ›exponentielles‹ Wachstum, welches typisch ist für unbegrenzte Ressourcen. Natürlich ist dies nicht besonders realistisch, oder präziser: trifft nur zu, wenn eine Population so klein ist, dass sich die beschränkten Ressourcen nicht bemerkbar machen. Was passiert, wenn eine Population so groß ist, dass sie ihren Lebensraum überstrapaziert, also nicht genügend Nahrung zur Verfügung steht?

Dies wird die Reproduktion negativ beeinflussen, und zwar umso mehr, je stärker die Population der gegenwärtigen Generation x_n ist. Es war Verhulsts Idee, die Reproduktionsrate r durch $r \cdot (1 - x_n)$ zu ersetzen und damit ein Element negativer Rückkopplung einzuführen:

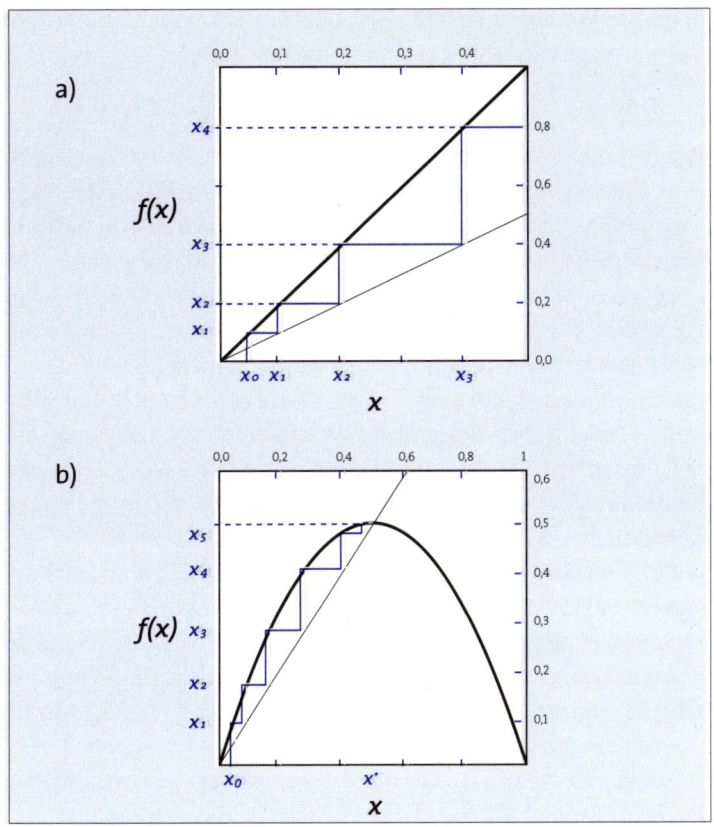

Abb. 1: Graphische Konstruktion der Generationenfolge ($x_0, x_1, x_2, ...$) mit Ausgangspopulation x_0 und Reproduktionsparameter $r=2$ für unbeschränktes Wachstum $x_{n+1}=r \cdot x_n$ (Teil a) und für beschränktes Wachstum, $x_{n+1}=r \cdot (1-x_n) \cdot x_n$ (Teil b).

Wenn nun x_n groß ist (es sei daran erinnert, dass x_n maximal 1 wird), dann sinkt die Reproduktion auf null. Ist dagegen x_n sehr klein, ist die Reproduktion mit einem Parameter nahe dem ursprünglichen r kaum durch beschränkte Ressourcen behindert, wie oben schon überlegt. Mit dieser neuen Definition der Reproduktionsrate entsteht die logistische oder quadratische Abbildung,

$$x_{n+1} = r \cdot (1-x_n) \cdot x_n \text{ oder allgemein } f(x) = r \cdot (1-x) \cdot x \,. \qquad (1)$$

War $f(x)$ bei unbeschränkten Ressourcen als lineare Funktion einfach eine Gerade (Abb. 1a), so ist sie nun, unter dem Einfluss von Rückkopplung durch beschränkte Ressourcen, als quadratische Funktion eine umgedrehte Parabel (Abb. 1b). Die Generationen können wir aber, wie gewohnt, konstruieren. Hierbei ergibt sich ein merkwürdiges neues Phänomen: Die Generationen streben über die Jahre n auf eine bestimmte Population x^* zu, die sich nicht mehr ändert. Beginnt man mit einer anderen Ausgangspopulation x_o, so erreicht man nach vielen Generationen wieder dieselbe Population x^*. Startet man zufällig sofort mit $x_o = x^*$, so bleibt die Population für jede Generation bei dem Wert x^*. Man nennt x^* daher einen Fixpunkt, und da sich alle Generationen auf x^* hinbewegen, darüber hinaus einen stabilen Fixpunkt. Ein Fixpunkt ist graphisch gegeben als der Schnittpunkt der Wachstumsfunktion $f(x)$, also der Parabel, mit der dünnen Gerade $y = x$ in Abbildung 1b. Eine Wachstumsfunktion mit einem Fixpunkt, der stabil ist, entspricht genau Szenario I, das wir am Anfang beschrieben haben: Es entsteht eine stabile Population der Stärke x^*.

Bei einem größeren Reproduktionsparameter r, wie in Abbildung 2 zu sehen, entsteht nach vielen Iterationen ein zyklisches Verhalten, die Populationsstärke pendelt von Generation zu Generation zwischen x^*_1 und x^*_2. Obwohl die Funktion $f(x)$ ihre Form beibehält, ergibt sich also nun mit einem anderen Reproduktionsparameter r ein Verhalten gemäß Szenario II. In unserem Beispiel kann sich r dadurch ändern, dass das Gebiet sich vergrößert, in dem die Kaninchen leben, oder dass der Nährwert der Nahrung zunimmt.

Der Zusammenhang zwischen Szenario I und II erschließt sich, wenn man die Generationenabfolge systematisch für wachsende Reproduktionsparameter r analysiert, wie in Abbildung 3 gezeigt. Hier

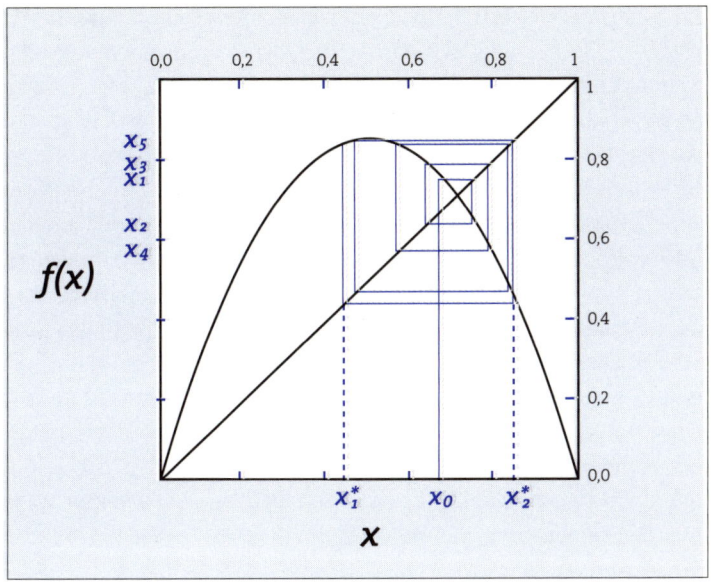

Abb. 2: Generationsfolge mit Ausgangspopulation x_0 nahe dem instabilen Fixpunkt. Gemäß Szenario II ($r=3,4$) entsteht ein Zyklus mit alternierender Population zwischen x_1^* und x_2^*.

ist x_n nach oben aufgetragen. Da uns vor allem das Langzeitverhalten interessiert, also ob sich eine stabile oder zyklische Population einstellt, sind nur die Populationsstärken ab der Generation $n=300$ und größer abgebildet. Nach rechts ändert sich der Reproduktionsparameter r.

Es offenbart sich eine erstaunliche Vielfalt von qualitativ unterschiedlichem Verhalten, das sich zunächst in einen regulären Teil (blau, $r<r_\infty$) und einen Teil mit chaotischem Verhalten (schwarz, $r>r_\infty$) einteilen lässt. (Das Zeichen ∞ ist das mathematische Symbol für ›unendlich‹.) Im regulären Anteil erkennen wir links Szenario I (für $r<r_1$), eine stabile Population x^*, die sich auch mit wachsendem

r nur schwach ändert, bis zu einem bestimmten Reproduktionsparameter r_1: Dort schlägt das Verhalten plötzlich um, es entsteht ein Zyklus der Periode 2, also Szenario II. Für den Umschlag bei r_1 ist eine so genannte Bifurkation verantwortlich, auf die wir noch eingehen werden. Der Bereich II ist nun mit wachsendem r durch weitere Bifurkationen gekennzeichnet (bei r_2, r_3,...), durch die sich jeweils der Periodenzyklus verdoppelt, bis bei r_∞ eine unendliche Periodenlänge und damit aperiodisches Verhalten erreicht wird. Jenseits von r_∞ taucht mit dem chaotischen Verhalten ein qualitativ neues Element auf, es definiert Szenario III. Die Grenze r_∞ zwischen blau und schwarz in Abbildung 3, zwischen regulärem und chaotischem Verhalten, markiert eine Art **Phasenübergang**, ähnlich dem Schmelzen einer Substanz, die von einer festen, regulären Phase in eine flüssige, ungeordnete Phase übergeht. Die spezielle Generationenfolge der quadratischen Abbildung bei r_∞ heißt Feigenbaumattraktor, nach Mitchell Feigenbaum, der sich sehr um **Fraktale** und selbstähnliche Strukturen verdient gemacht hat.

Schon dieser erste Überblick zeigt, dass es sich lohnt, die Populationsdynamik aus der Perspektive eines sich ändernden Reproduktionsparameters r zu verstehen, weil hierdurch Zusammenhänge deutlich werden, die sonst verborgen blieben. Die Analyse eines Verhaltens oder Objekts in Abhängigkeit eines Parameters ist eine typische Vorgehensweise der theoretischen Physik. Es kommt dabei nicht darauf an, ob jeder Parameterwert in der Natur auch realisiert werden kann. Vielmehr steht der Erkenntnisgewinn über die prinzipielle Natur eines Verhaltens oder Objekts im Vordergrund.

Dies gilt auch für die hier zur Diskussion stehende Populationsdynamik. Natürlich ist eine tatsächlich vorkommende Population durch einen festen Parameter r gekennzeichnet, festgelegt durch die Um-

S.98

S.87

Abb. 3: Die logistische Abbildung mit Iterierten x_n, $n > 300$ nach oben und für verschiedene Reproduktionsparameter r nach rechts aufgetragen. Die Bereiche I (stabil), II (zyklisch), III (chaotisch) markieren qualitativ unterschiedliches Verhalten.

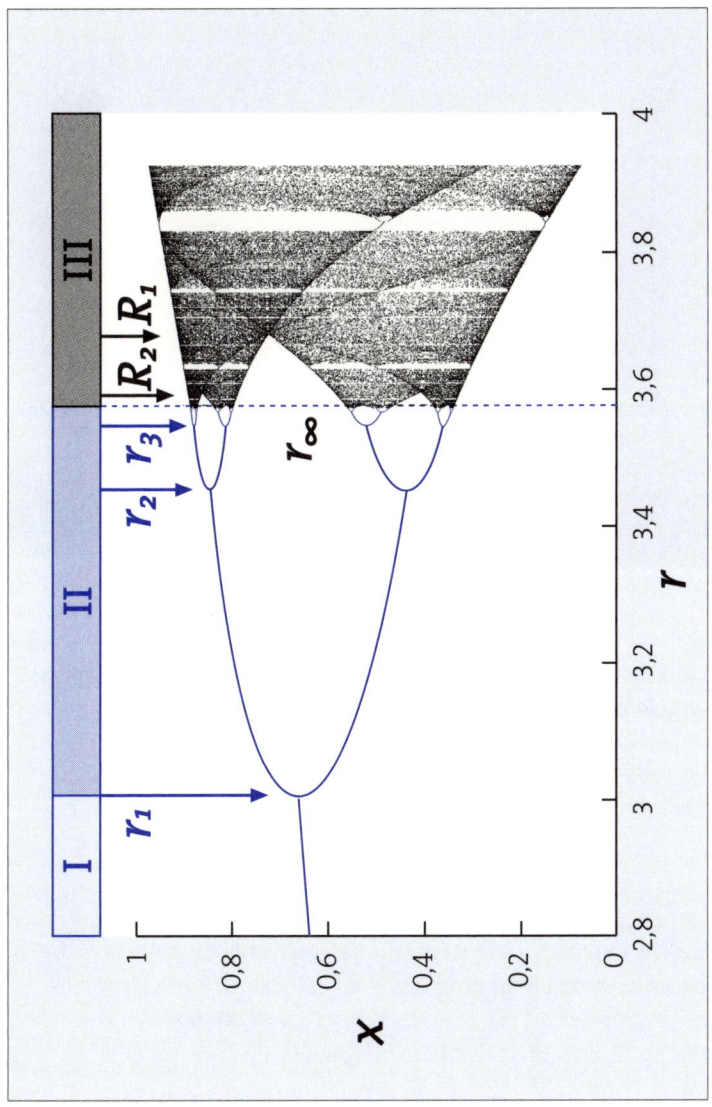

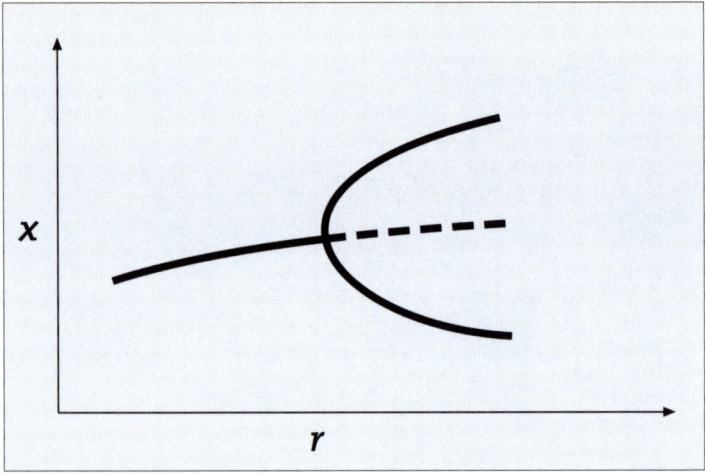

Abb. 4: Schematische Darstellung der Periodenverdopplung an einer Pitchfork-Bifurkation. Die beiden äußeren Zacken der ›Mistgabel‹ sind die neuen, stabilen Fixpunkte von f^2, der gestrichelte mittlere Zacken ist der instabil gewordene Fixpunkt von f.

weltbedingungen. Wir können das entsprechende Generationenverhalten aber dank des Überblicks in Abbildung 3 sofort sinnvoll in einen der Bereiche I–III einordnen.

Aufschlussreich für das Verständnis sind wiederum die Übergänge, also die Bifurkationspunkte r_1, r_2, … bis hin zum kritischen Punkt r_∞ des Phasenübergangs. Sie sind das Gerüst für den Weg in das Chaos.

Periodenverdoppelung und Pitchfork-Bifurkation

Stellvertretend für alle Bifurkationen betrachten wir die erste bei r_1, da sie auch den Übergang von einer stabilen zu einer zyklischen Population markiert. Die Bifurkation kommt dadurch zustande, dass der Fixpunkt x^* seinen Charakter ändert. Für $r < r_1$ ist er stabil, d.h. alle Generationenfolgen enden bei diesem Wert x^*. Für $r > r_1$ ist x^* zwar

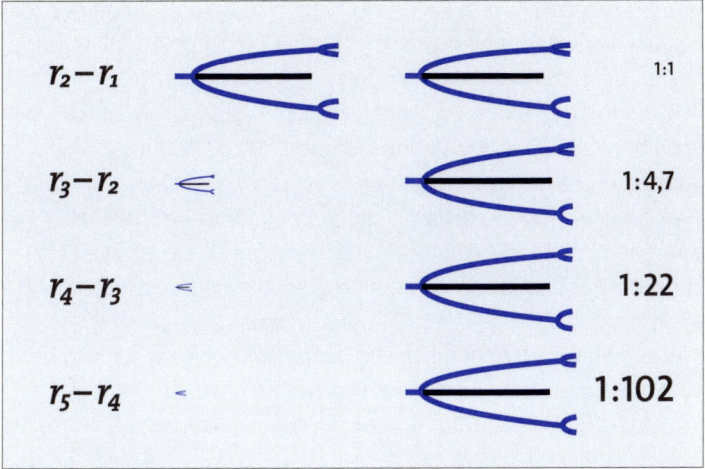

Abb. 5: Selbstähnlichkeit in der logistischen Abbildung: Der Abstand zwischen zwei Bifurkationen schrumpft jeweils um einen Faktor δ. Vergrößert man die Mistgabeln um den entsprechenden Faktor, sind sie fast identisch, vergleiche auch Abb. 3.

immer noch ein Fixpunkt, aber instabil. Dies bedeutet zwar, dass eine Generationenfolge, die exakt mit $x_o = x^*$ beginnt, sich nicht ändern wird (Fixpunkt!). Ist x_o aber nur etwas verschieden von x^*, so entfernt sich die Population über die Generationen vom instabilen Fixpunkt und wird schließlich zwischen den Werten x_1^* und x_2^* pendeln (Abb. 2).

Betrachtet man nun die Population nicht von Jahr zu Jahr, sondern nur jedes zweite Jahr, gewinnt man wieder den Eindruck einer stabilen Population mit einem Fixpunkt x_1^* oder x_2^*, je nachdem, in welchem Jahr man gestartet ist. Kann man diese ›scheinbaren Fixpunkte‹ mit der Abbildung f in Verbindung bringen? Die normale logistische Abbildung $f(x)$ berechnet die Population x_{n+1} des Jahres $n+1$ aus der des vorigen Jahres n. Wendet man die logistische Abbildung zweimal an, so erhält man aus der Population x_n die Population x_{n+2} für das übernächste Jahr $n+2$. Demnach sind x_1^* und x_2^* Fixpunkte dieser ›biennalen‹ Abbildung, oder, wie man mathematisch sagt, der einmal iterierten Abbildung $f \circ f = f^2$.

Führen wir uns kurz vor Augen, was eine Bifurkation für das Beispiel der Kaninchenpopulation bedeutet. Mit x^* ist eine Population verbunden, die das Nahrungsangebot r_1 optimal ausnutzt. Steigt das Nahrungsangebot und damit die Reproduktionsrate nur leicht an auf einen Wert $r > r_1$, so hat die nächste Generation zu wenig Nahrung, die Population wird dezimiert, und auf die Dauer entsteht ein 2-Jahreszyklus, mit den Populationen x_1^* und x_2^*.

Was man nun in Abbildung 3 im blauen Bereich II tatsächlich sieht, sind die Fixpunkte systematisch höherer iterierter Abbildungen, f, f^2, f^4, ... Jede Bifurkation führt von einem instabil gewordenen Fixpunkt in zwei neue stabile Fixpunkte einer höher iterierten Abbildung und sieht aus wie eine Mistgabel (Abb. 4), daher der Name Pitchfork-Bifurkation.

Selbstähnlichkeit und Skalierung

In Abbildung 3 ist weiterhin zu erkennen, dass sich das Muster der Mistgabeln auf immer kleinerer Skala immer öfter wiederholt, bis der schwarze chaotische Bereich erreicht ist. Vergrößert man die Mistgabeln bei den Bifurkationspunkten r_1, r_2, ..., erkennt man, dass alle Mistgabeln die gleiche Gestalt haben, wie in Abbildung 5 gezeigt. Der Skalierungsfaktor zwischen zwei aufeinander folgenden Mistgabeln ist universell gegeben durch $\delta = 4{,}67$. Die merkwürdigen Vergrößerungsfaktoren in Abbildung 5 sind nun leicht verständlich: die dritte Mistgabel muss man um den Faktor $\delta^2 \approx 22$ vergrößern, damit sie so aussieht wie die erste, die vierte Mistgabel dementsprechend um $\delta^3 \approx 102$ usw. Die so genannte Feigenbaumkonstante δ ist universell und beschreibt die Skalierung von selbstähnlichen Eigenschaften in einer Reihe von Abbildungen.

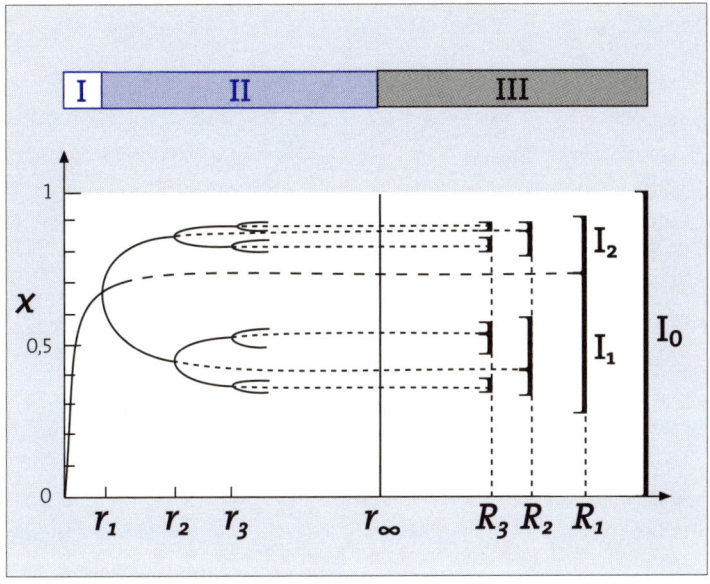

Abb. 6: Das Bifurkationsschema für $r < r_\infty$ und die Aufspaltung der dunklen chaotischen Bereiche I_n für $r > r_\infty$. Die Darstellung ist nicht maßstäblich in r.

Es muss betont werden, dass die Skalierung mit δ nur in der Nähe von r_∞ genau wird, und zwar für solche Mistgabeln, die nahe bei $x = \frac{1}{2}$ liegen. Mit wachsender Entfernung von r_∞ und von $x = \frac{1}{2}$ gilt die Skalierung nur angenähert, aber doch recht gut, wie Abbildung 5 mit der Ähnlichkeit der am weitesten von r_∞ entfernten Mistgabeln zeigt. Wir können diese Problematik der Renormierungstheorie hier nicht weiter vertiefen. Man kann sich aber den Punkt ($x = \frac{1}{2}$, $r = r_\infty$) in der Ebene von Abbildung 3 als eine Art Superfixpunkt vorstellen. Er bestimmt *qualitativ* alle Eigenschaften der logistischen Abbildung, z.B. die der Selbstähnlichkeit, auch wenn *quantitativ* die Genauigkeit der Skalierung abnimmt, je weiter man vom Superfixpunkt entfernt ist, und zwar in x- wie in r-Richtung.

Strukturen im Chaos: Inverse Bifurkationen

Bis jetzt haben wir uns die Bereiche I und II der logistischen Abbildung erschlossen. Als wesentliches strukturbildendes Merkmal hat sich die Selbstähnlichkeit des Mistgabelmusters herausgestellt, oder vornehmer, die selbstähnliche Wiederholung von Periodenverdoppelungen in immer kürzeren Abständen von r bis hin zu unendlicher Periodenlänge bei r_∞. Danach beginnt der ›schwarze‹ Bereich. Eine Population kann über viele Generationen zwischen beliebigen Werten x springen, dies sind die dunklen Streifen auf Abbildung 3. Dazwischen gibt es aber auch weiße Streifen, also Reproduktionsparameter r, bei denen die Population auf wenige x-Werte beschränkt bleibt. Dieses Phänomen der Regularität inmitten des Chaos nennt man Intermittenz.

Das große weiße Fenster etwas rechts von $r = 3,8$ ist mit dem erstmaligen Auftauchen eines Zyklus der Periode 3 verbunden. Mit jedem der drei Zykluswerte beginnt auf kleinerer Skala der Weg ins Chaos über Periodenverdoppelungen von neuem und ist dem Gesamtbild wiederum ähnlich. Man stößt auf viele rückbezügliche und selbstähnliche Facetten, verfolgt man die logistische Abbildung im Detail.

Wir wollen aber das Gesamtbild nicht aus den Augen verlieren. Hierzu gehört vor allem der Superfixpunkt r_∞ als Grenze zwischen dem regulären (blauen) und dem chaotischen (schwarzen) Bereich. Im regulären Bereich II führt die Periodenverdoppelung durch Bifurkationen systematisch zu r_∞. Gibt es eine ähnliche Struktur von rechts kommend auch im chaotischen Bereich III? In der Tat kann man beobachten, dass in diesem Bereich die Generationen vertikal bezüglich x ein zusammenhängendes Band bilden, abgesehen von den regulären Intervallen. Links von $R_1 = 3,68$ (Abb. 3) spaltet sich das Band jedoch in zwei Teile auf. Die Aufspaltung geschieht bei x^*, dem instabilen Fixpunkt der logistischen Abbildung, wie in Abbildung 6 durch die gestrichelten Linien skizziert. Nun wiederholt sich die Aufspaltung in dann vier Bereiche bei R_2. Es kommt zu einer Kaskade von Verdoppelungen der schwarzen Bereiche, jeweils an den instabilen Fixpunkten der höheren iterierten Abbildungen f^2, f^4, ..., analog zu den Periodenverdoppelungen im regulären Bereich II. Die Kaskade mündet von rechts in den kritischen Punkt r_∞, wie schematisch in Abbildung 6 zu sehen ist. Es wird kaum noch überraschen, dass das Intervall $R_3 - R_2$ um den Faktor δ kleiner ist als $R_2 - R_1$ etc. Auf der chaotischen Seite des Phasenübergangs gelten die selben Skalierungsgesetze wie auf der regulären Seite.

Komplexität an der Grenze zwischen Regularität und Chaos

Der Wert r_∞ spielt also eine herausragende Rolle, er ist die kritische Grenze zwischen regulärem und chaotischem Verhalten, die sich aber beide in gleicher Skalierung auf r_∞ beziehen lassen.

Die Generationenfolge $x_0, x_1, x_2, x_3, ...$ bei r_∞ selbst ist aperiodisch, aber in sich selbstähnlich. Aperiodisch bedeutet, dass es keine Zyklen mehr gibt, wie bei allen kleineren Werten r_n. Wenn man aber mit grober Auflösung die relative Position der x-Werte mehrerer Gruppen von Generationen mit den entsprechenden Werten einer dieser Gruppen bei besserer Auflösung vergleicht, so stellt man fest, dass diese beiden Muster ähnlich sind. Der so genannte Feigenbaumattraktor bei r_∞ ist ein Beispiel für ein **Fraktal**, eine Wortschöpfung, die auf Benoit Mandelbrot zurückgeht und andeutet, dass es sich um ein Objekt mit nicht ganzzahliger Dimension handelt, wie es typischerweise an der Grenze von regulärem und chaotischem Verhalten auftritt und Inbegriff von komplexem Verhalten ist. Das Studium der Fraktale baut diese Grenze zu einer eigenen faszinierenden Welt von Phänomenen aus, wie man etwa an den **Julia-Mengen** sieht.

S.87

S.91

An der logistischen Abbildung wird beispielhaft deutlich, dass komplexes Verhalten durch subtiles Zusammenwirken von Chaos und

Regularität zustande kommt. Weder vollkommen reguläres Verhalten (in unserem Beispiel die stabile Population im Bereich I) noch voll chaotisches Verhalten (in der logistischen Abbildung bei $r=4$, nicht gezeigt in Abbildung 3) sind komplex. Vielmehr baut sich komplexes Verhalten von links aus dem regulären und von rechts aus dem chaotischen kommend auf und kulminiert am kritischen Punkt r_∞.

Die logistische Abbildung vermittelt auch ein Gespür dafür, was sich hinter den für komplexes Verhalten wesentlichen Begriffen von Selbstähnlichkeit, Kritikalität, Hierarchie und Fraktalität verbirgt und wie sie zusammenhängen: Kritikalität beim Phasenübergang ist mit Fraktalität verbunden, der Weg zum Phasenübergang, aus welcher Richtung auch kommend, führt über Stufen hierarchischer Selbstähnlichkeit.

3 KOMPLEXE PHÄNOMENE DURCH INTERAKTION: ZELLULÄRE AUTOMATEN

Top-down oder *bottom-up*

Das letzte Kapitel zeigte, dass Nichtlinearität ein wesentlicher Eckpfeiler komplexen Verhaltens ist. Schon einfachste mathematische Modelle wie die logistische Abbildung sind gekennzeichnet durch Unvorhersagbarkeit, Hierarchien, Universalität, Fraktale und Kritikalität – also Eigenschaften, die den simplen Vorschriften des ursprünglichen dynamischen Systems nicht anzusehen sind. Derartige Modelle beschreiben häufig die chaotische Bewegung eines einzelnen Teilchens oder das irreguläre Verhalten einer Variablen, wie es beispielsweise die logistische Abbildung (Gleichung (1)) als Modell für die Dynamik einer Population tut. Komplexität entsteht hier durch Iteration: die Wiederholung einfachster Operationen.

Wird nicht alles noch viel komplexer, wenn man es mit vielen miteinander wechselwirkenden Komponenten zu tun hat? Das können die Atome in einem Gas sein, die Tropfen in einer turbulenten Flüssigkeit oder Körner in granularen Systemen, dem Oberbegriff für Pulver, Sand, Zucker, Müsli oder großtechnisch: Schüttgüter. Weitere Beispiele für untereinander agierende ›Bestandteile‹ eines größeren Systems sind über die Physik und Chemie hinaus die Zellen in einem Organismus, sich zu Schwärmen formierende Fische oder die aufeinander reagierenden Autofahrer im Straßenverkehr. Diese vielen autonomen, miteinander wechselwirkenden oder kooperierenden Elemente eines Gesamtsystems werden auch Agenten genannt. Neben die Iteration tritt hier als zweiter grundlegender Mechanismus für komplexes Verhalten die Interaktion. Sie ist Voraussetzung für die schon genannte Emergenz als ein Wesensmerkmal komplexer Systeme. Das Zusammenwirken vieler Agenten oder Einzelteile, die neue, häufig hierarchische Strukturen bilden, kann zu qualitativ verändertem, vielschichtigem Gesamtverhalten führen. Diese induktive Sichtweise, die man auch mit *bottom-up* umschreibt, ist Ausgangspunkt dieses Kapitels.

Wie schon eingangs erwähnt, hat Reduktionismus das Denken in der Physik geleitet und ihr große Erfolge beschert: Die komplizierte Welt um uns herum kann häufig durch Zurückführung auf die Eigenschaften einfacher Grundeinheiten und deren Beschreibung durch fundamentale Gesetze der Physik erklärt werden. Dieser zu *bottom-up* konträre Zugang wird mit *top-down* bezeichnet. Der dem *top-down*-Prinzip entsprechende Reduktionismus wird nun auf zweierlei Weise herausgefordert: Nichtlineare chaotische Dynamik folgt deterministischen Gesetzen (zum Beispiel durch Iteration), wird aber aufgrund der sensitiven Abhängigkeit von den Anfangsbedingungen selbst für einfache (reduzierte) Systeme prinzipiell unvorhersagbar für lange Zeiten; viele komplexe Systeme entziehen sich darüber hinaus in ihrem Verständnis einer Vorgehensweise, die auf

Zerlegung in kleinstmögliche Teile abzielt. Niemand zweifelt zwar daran, dass Phänomene in der Chemie, Biologie oder Medizin den Gesetzen der Physik gehorchen. Dennoch wird man nie aus der Quantentheorie der Atome über die Funktion von Biomolekülen auf die Wirkungsweise von Zellen und deren Zusammenschluss zu Organismen schließen können. Ebenso wenig lässt sich die Wirkungsweise eines Autos durch die Theorie der Quarks beschreiben. Komplexe Systeme zeigen die Grenzen der reduktionistischen Sichtweise auf und haben zu einem Paradigmenwechsel Anlass gegeben. Andererseits wird diese Problematik nicht durch das andere Extrem ganzheitlichen Denkens gelöst: Chaos zum Beispiel lässt sich schon aus einfachsten, extrem reduzierten Modellsystemen ableiten.

Der Schlüssel zum Verständnis komplexer Systeme liegt in der Wahl der richtigen Ebene der Modellbildung und unter Umständen der Verknüpfung verschiedener Ebenen. Diese Wahl hängt aber auch davon ab, welche Phänomene eines komplexen Systems als interessant erachtet werden.

Vielfalt: Zwischen Ordnung und Unordnung

Sind Systeme, die aus vielen wechselwirkenden Teilen bestehen, automatisch komplex? Dass dies nicht der Fall ist, zeigen zwei Gegenbeispiele, die in Abbildung 7 illustriert sind. In makroskopischen festen Stoffen fügen sich Millionen Atome oder Moleküle häufig zu Kristallen, in denen sie in regelmäßigen periodischen Anordnungen aufgereiht sind. Die Ordnung, genauer Periodizität, wird ausgenutzt, um die Kristalleigenschaften mit Hilfe physikalischer Gesetze quantitativ zu verstehen. Das andere Extrem maximaler Unordnung wird markiert durch Gase, die auch aus sehr vielen (etwa 10^{23}) Atomen bestehen: Die Bewegung der Atome ist durch Stöße zwischen ihnen bestimmt und wird dadurch zufällig und prinzipiell unvorhersagbar. Aber selbst wenn man zu jedem Zeitpunkt die Positionen und Ge-

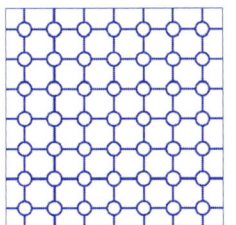  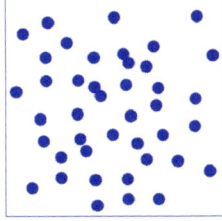

Abb. 7: Ein periodisches Gitter, ein durch einen zellulären Automaten erzeugtes Muster und ein Gas aus Atomen als Beispiele für geordnete, komplexe und zufällige Strukturen wechselwirkender Teilchen.

schwindigkeiten aller Atome angeben könnte, so würde das nur irrelevantes Detailwissen darstellen. Im zeitlichen Mittel verhalten sich alle Atome gleich, und verschiedene Bereiche des Gases sind ununterscheidbar. Das große Maß an Unordnung drückt sich im Gas in Uniformität aus und macht es einfach und langweilig. Der in der statistischen Physik gebräuchliche Begriff der Entropie ist ein Maß für Unordnung. Das ungeordnete Gas hat zwar eine hohe Entropie, ist aber nicht komplex. Daher kann Entropie also nicht ohne weiteres als Maßstab für komplexes Verhalten übernommen werden[8], sondern bedarf einer Verallgemeinerung, auf die wir hier nicht weiter eingehen (**algorithmische Komplexität**).

S. 112

Ein Gas besitzt übrigens trotzdem durchaus emergente Eigenschaften: Der Zustand der Gesamtheit der Gasatome weist qualitativ neue Merkmale wie Druck und Temperatur auf, die man nicht einzelnen Atomen zuschreiben kann. Emergenz allein ist also auch nicht ausreichend für komplexes Verhalten.

Im Gegensatz zum strukturlosen Gas zeigt ein komplexes räumliches System Variabilität[4]: Die uns umgebende Landschaft beispielsweise setzt sich aus Kontinenten, Gebirgen, Bergen, Hügeln, Erhebungen und Aufhäufungen zusammen und besteht aus Meeren, Seen, mäandernden Flüssen, Gräben und Rinnsalen. Die Natur sieht überall anders aus und ist durch eine Vielfalt geprägt, die sich auf verschiedensten Längenskalen findet. Ganz im Sinne unserer ursprünglichen Arbeitshypothese liegen komplexe Systeme im ›Reich der Mitte‹, zwischen geordneten Strukturen, hier dem periodischen Gitter, und völlig strukturlosen Gebilden wie dem beschriebenen Gas. Andere Beispiele komplexer räumlicher Strukturen , auf die wir noch zu sprechen kommen, sind Formationen in granularen Systemen, Quasikristalle, in denen Periodizität und Symmetrien gebrochen sind, Turbulenzen in einer strömenden Flüssigkeit und (fraktale) Muster, die durch Wachstumsprozesse entstehen. Ein Beispiel dafür ist in Abbildung 7 in der Mitte dargestellt.

Selbstorganisation und Nichtgleichgewicht

Wie kann durch lokale Wechselwirkungen auf sehr kleinen Skalen dennoch Struktur und Vielfalt auf verschiedensten anderen Längenskalen entstehen? Am Beispiel der granularen Materie: Wenn Sandkörner nur mit ihren direkten Nachbarn im Millimeterbereich wechselwirken, wie formieren sich Sanddünen und wie wandern sie? Wann bilden sich Lawinen an den Hängen dieser Dünen und wodurch entstehen die bekannten Sandrippeln am Strand oder in der Wüste? Wir sehen: Die Interaktion von Teilen, Zellen oder Individuen führt vielfach wie von selbst zu Erscheinungen, ohne dass die Agenten ›bewusst‹ handeln oder gelenkt werden. Dieses Phänomen wird auch mit Selbstorganisation bezeichnet, einem Begriff, auf den wir später im vierten Kapitel zurückkommen werden, wenn es um kritisches Verhalten und Strukturbildung gehen wird.

Die modernen physikalischen Theorien zur Selbstorganisation gehen auf Ideen von Ilya Prigogine, Hermann Haken und Manfred Eigen aus den 70er Jahren zurück. Aufgrund von Selbstorganisation entstehen durch systemimmanente Mechanismen komplexe Strukturen, es bilden sich, häufig spontan, räumliche Muster. Das Gesamt-

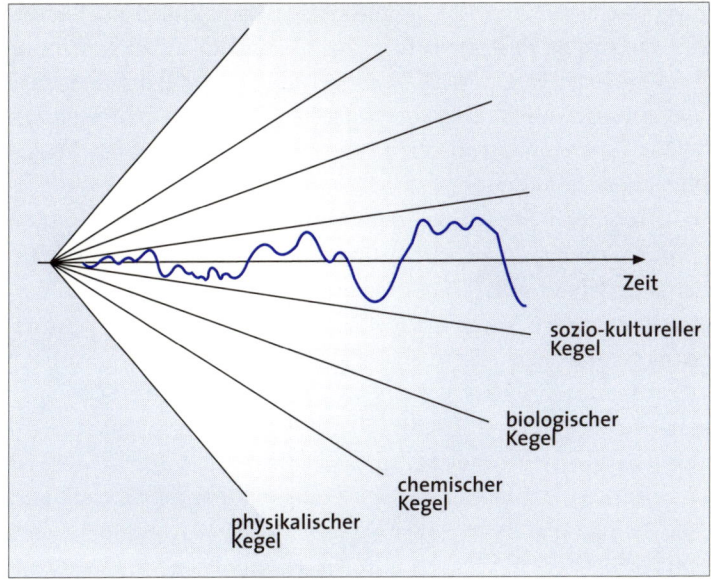

Abb. 8: Gesetzeskegel: Prozesse in komplexen Systemen werden je nach Hierarchie-ebene durch entsprechend enger werdende Kegel zunehmend stärker einge-schränkt.

system verhält sich organisierter und geordneter, als es die Gesetze, die das Verhalten der einzelnen Agenten bestimmen, vorschreiben würden. Die dafür verantwortlichen Ordnungsprinzipen sind bisher nur teilweise entschlüsselt worden. Die mit steigender Komplexität wachsende Zahl von Einschränkungen wird auch als ›Gesetzeskegel‹ bezeichnet.[8] Die Grundgesetze der Physik gelten auch für komplexe Systeme in vollem Umfang, sie stecken aber nur einen weiten Rah-men ab, den physikalischen Gesetzeskegel. Die Dynamik komplexer Systeme wird auf chemischer und biologischer Ebene, wie in Abbil-dung 8 illustriert, durch engere Kegel zunehmend weiter einge-schränkt.

Komplexe Strukturen und die Ausbildung komplexer Dynamik setzen immer eine Vorgeschichte voraus. Sie sind das Resultat des sukzessiven Zusammenwirkens sowie der Rückkopplung der Einzelteile und sich daraus entwickelnder Substrukturen und Hierarchien. Die Vielfalt einer Landschaft entsteht nicht plötzlich, sondern ist das Produkt einer langen zeitlichen Entwicklung. Dieser historische, unter Umständen evolutionäre Charakter wird heute als ein zentrales Merkmal komplexen Verhaltens angesehen. Es kann unter Umständen auch evolutionäre Züge tragen: Aus einfachen Vorformen entstehen komplexe Systeme durch die Abfolge vieler kleiner geeigneter Änderungen.

Damit sich ein System entwickeln kann, darf es nicht im Gleichgewicht sein. Ein flacher Sandstrand allein besteht zwar aus Unmengen kleinster wechselwirkender Sandkörner, ist aber statisch. Erst durch Ebbe, Flut und Wind bilden sich Strukturen und Vielfalt aus: Prile und Sandbänke entstehen, Rippeln formen sich im Sand, Dünen wachsen und verändern sich (zum Beispiel durch Abgang von Sandlawinen). Das ist dadurch möglich, dass der Strand jetzt im Nichtgleichgewicht ist: Er ist nicht länger isoliert, sondern tauscht Energie (zum Beispiel durch Wind) und Materie (Sand) mit der Umgebung aus. Systeme vieler Teilchen im Gleichgewicht sind im Allgemeinen robust gegen kleine Störungen: Verschiebt man einige Sandkörner auf dem flachen (isolierten) Strand, so erscheint der Strand unverändert. Dagegen führt das Hinzufügen von Sand (durch Wind) auf eine Düne oder einen Sandhügel dazu, dass die Hänge steiler werden, bis ein letztes einzelnes Sandkorn ausreicht, um eine ganze Lawine auszulösen. Nichtgleichgewicht bewirkt also – zum Teil plötzliche und große – kollektive Veränderungen und ermöglicht erst komplexes Verhalten. Der Aspekt des Nichtgleichgewichts tritt hier also neben den der Nichtlinearität, dem zentralen Prinzip des vorausgehenden Kapitels.

Allerdings gibt es Ausnahmen: Auch abgeschlossene Systeme im Gleichgewicht können komplexe Phänomene zeigen, und zwar genau dann, wenn sie einen **Phasenübergang** von einem geordneten S.98 zu einem ungeordneten oder weniger geordneten Zustand durchlaufen. Abgeschlossene Systeme am kritischen Punkt sind daher von besonderer konzeptioneller Bedeutung für die Physik. Dennoch stellen sie große Ausnahmen in der Natur dar, da man die Parameter, die die Systeme bestimmen, von außen steuern und sehr präzise auf den kritischen Punkt einstellen muss, um komplexe Phänomene zu beobachten. Demgegenüber bewegen sich nach Meinung des dänischen Physikers Per Bak Systeme im Nichtgleichgewicht »von selbst« auf kritische Punkte zu und werden dadurch ohne äußeres Zutun komplex, wie im vierten Kapitel erläutert.

Zelluläre Automaten und das Spiel des Lebens

Wir werden nun versuchen, die oben diskutierten Facetten komplexen Verhaltens präziser zu fassen und an ausgewählten Beispielen ausführlich zu illustrieren. Dazu wenden wir uns konkret der Frage zu, wie lokale Wechselwirkungen zwischen einzelnen benachbarten Elementen zu kollektiven Strukturen auf größeren Längenskalen führen können.

Die wirklichkeitsgetreue physikalische Beschreibung der räumlichen und zeitlichen Entwicklung ausgedehnter Strukturen (zum Beispiel turbulente Strömungen, granulare Systeme oder Kristalloberflächen) erfordert die Lösung komplizierter nichtlinearer Gleichungssysteme, so genannter partieller Differentialgleichungen. Bei ihrer Lösung stoßen auch heutige Computer häufig schnell an ihre Grenzen. Eine interessante Alternative in der physikalischen Beschreibung eröffnen so genannte **zelluläre Automaten**. Das sind ab- S.106 strakte mathematische Minimalmodelle, in denen Wechselwirkungen zwischen den Einzelelementen eines Systems durch einfachste Regeln, die für alle Komponenten gleich sind, berücksichtigt werden. Zelluläre Automaten (ZA) sind dadurch zunächst wesentlich einfa-

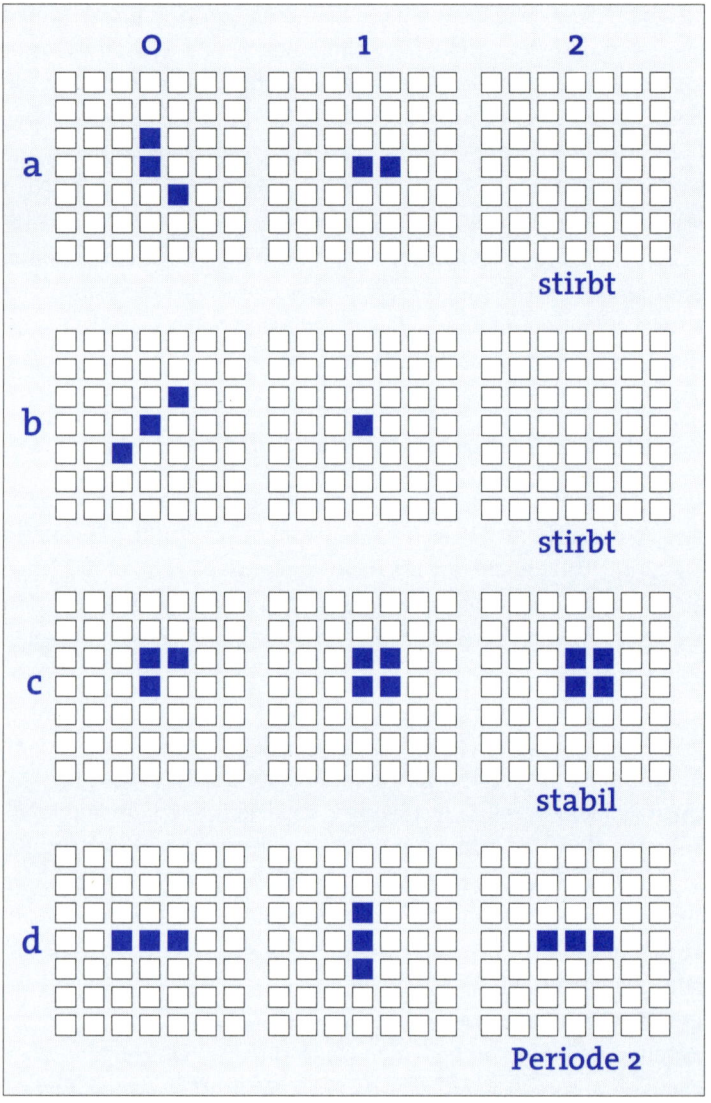

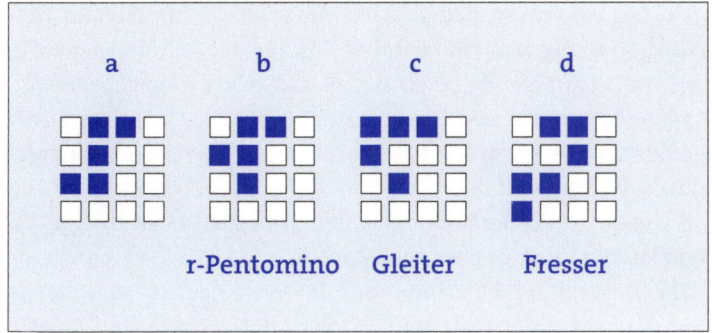

Abb. 10: Grundmuster aus *Life*:
a) ›ohne Namen‹, b) ›r-Pentomino‹, c) ›Gleiter‹, d) ›Fresser‹.

cher als Differentialgleichungen, scheinen aber genauso in der Lage zu sein, komplexe Strukturen zu erzeugen. Zur Konstruktion eines ZA werden zunächst die kontinuierlichen räumlichen Freiheitsgrade diskretisiert, d.h., die Ebene eines zweidimensionalen Systems wird durch ein regelmäßiges Gitter in einzelne Zellen unterteilt. Jede Zelle kann einen der binären Zustände 0 oder 1 annehmen. Die Ziffern 0 bzw. 1 symbolisieren zum Beispiel die Belegung eines Feldes, in einem Gittermodell eines Magneten die Ausrichtung der Elementarmagneten (nach oben oder unten) oder im Modell einer Zellpopulation den Zustand einer Zelle (tot oder lebendig). Die Gesamtheit der Zustände stellt eine räumliche binäre Kodierung des ZA dar. Des Weiteren wird in einem ZA der kontinuierliche zeitliche Ablauf in diskrete Zeitschritte unterteilt, genau wie bei den iterativen Modellen aus dem zweiten Kapitel. Zu jedem Zeitpunkt wird der Zustand 0 oder 1 aller Zellen simultan gemäß möglichst einfachen Regeln, die für alle Zellen gleich sind, neu festgesetzt. Um Interaktion benachbarter Agenten (Zellen) zu simulieren, verwendet man zumeist lokale Re-

Abb. 9: Die unterschiedliche Entwicklung kleinster Keimzellen.

geln: Sie bestimmen den Zustand einer Zelle zum nächsten Zeitpunkt abhängig vom momentanen Zustand der Zelle und dem aller ihrer Nachbarn. Der ZA berechnet also aus einer vorgegebenen Anfangskonfiguration von Nullen und Einsen auf einem möglichst großen Gitter schrittweise nach festen Vorschriften neue Konfigurationen. Im Abschnitt über **zelluläre Automaten** geben wir einen Einblick in das Spektrum ihrer Anwendungsmöglichkeiten zur Simulation räumlicher Strukturen und Muster.

S.106

Das Konzept des ZA stammt aus der Mitte des 20. Jahrhunderts und geht auf Stanislaw Ulam und John von Neumann zurück. Seine Bedeutung als Werkzeug zur Erforschung komplexer Systeme wurde von Steven Wolfram erkannt, der den meisten Physikern heute eher als Urheber des Progamms ›Mathematica‹ zur algebraischen Behandlung mathematischer Ausdrücke bekannt ist.[43] Wolfram führte in den 80er und 90er Jahren am berühmten Institute of Advanced Studies in Princeton sehr aufwendige systematische Computersimulationen durch, um ZA gemäß ihrem Verhalten zu kategorisieren.

Ehe wir darauf eingehen, wollen wir aber zunächst den weitaus bekanntesten ZA vorstellen, John Harton Conways »Spiel des Lebens«, kurz: *Life*, den Prototyp eines einfachen Systems, das durch lokale Interaktion und Iteration komplexes Verhalten generiert.

Life simuliert die Entwicklung einer künstlichen Zellpopulation. Es findet auf einem zweidimensionalen quadratischen Gitter statt, das man sich wie das unendlich ausgedehnte Brett eines Schach- oder Go-Spiels vorstellen kann. Es gelten die folgenden Regeln: Eine Zelle wird geboren – d. h. ihr Zustand ändert sich von 0 auf 1 –, wenn es auf den acht sie umgebenden Gitterplätzen genau drei lebendige Zellen gibt. Eine lebendige Zelle (Zustand 1) überlebt, wenn zwei oder drei der acht benachbarten Zellen leben; bei weniger als zwei oder mehr als drei lebendigen Nachbarzellen stirbt die Zelle (geht von Zustand 1 nach 0 über) an Einsamkeit bzw. Überbevölkerung. Diese von Conway über einen Zeitraum von zwei Jahren ausgefeilten, doch relativ

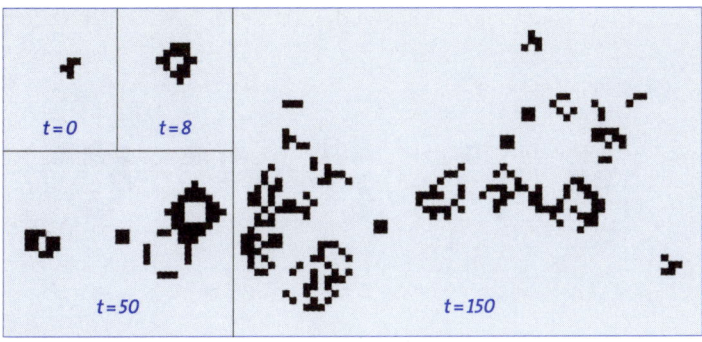

Abb. 11: Zellpopulationen, die sich aus einem einzigen ›r-Pentomino‹ (oben links) nach 8, 50 und 150 Iterationen entwickeln.

einfachen Vorschriften führen zu einer ungeheuren Vielfalt der sich entwickelnden Zellkolonien, die in den 70er und 80er Jahren, als Computer aufkamen, auf breiter Front von Computerbegeisterten erschlossen wurden. Zur Popularität von *Life* hatte wesentlich Martin Gardners Kolumne im *Scientific American* beigetragen.

Um die Entwicklung einer Zellkultur zu verfolgen, muss man eine Anfangskonfiguration vorgeben. Die kleinste lebensfähige Keimzelle besteht aus drei lebenden Zellen auf einem 3 × 3-Quadrat. Die Abbildung 9 zeigt drei unterschiedliche typische Lebenswege: Die Ausgangskonfigurationen (a) und (b) sterben schnell, Anordnung (c) verwandelt sich in einen stabilen Block und die gestreckte Konfiguration (d), der so genannte ›Blinker‹, reproduziert sich periodisch. Für Ausgangskonfigurationen mit mehr benachbarten Zellen sind die Überlebenswahrscheinlichkeiten höher und die sich entwickelnden Erscheinungsformen vielfältiger. Dazu vergleichen wir die in Abbildung 10 dargestellten Ausgangsmuster. Die Struktur (a) verschwindet nach nur drei Iterationen. Das ebenfalls aus fünf Zellen in der Form des Buchstaben *r* gebildete *r*-Pentomino unterscheidet sich von Muster (a) nur in der Position einer einzigen lebenden Zelle, entwi-

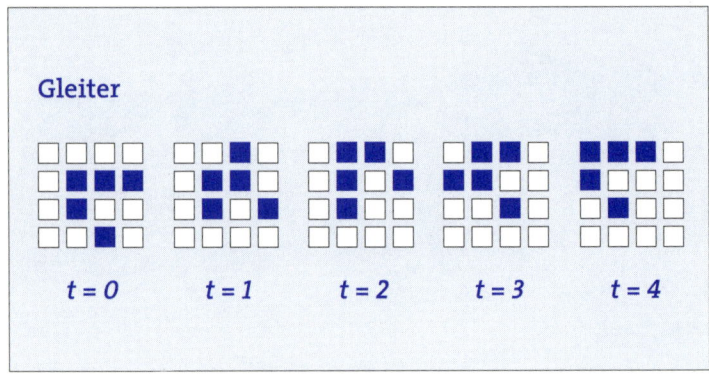

Abb. 12: Ein so genannter ›Gleiter‹ reproduziert sich nach vier Zeitschritten und wandert um einen Schritt nach links und nach oben.

ckelt aber vielfältiges Leben. Abbildung 11 illustriert die sich ergebende ausgedehnte Population nach 8, 50 und 150 Generationen. Am eindrucksvollsten präsentiert sich das Spiel des Lebens, wenn man die Zellentwicklung dynamisch auf dem Computer verfolgt, indem man den Zustand jeder Zelle durch die Farbe eines Pixels des Computerbildschirms repräsentiert. Man erkennt dann statische Bereiche und Regionen großer Aktivität und Veränderung.

Eine weitere für die Populationsdynamik relevante Grundstruktur ist der so genannte ›Gleiter‹ (Abb. 10c). Wie die Abbildung 12 zeigt, reproduziert sich der Gleiter nach vier Zeitschritten und hat sich dabei um jeweils einen Schritt im Gitter nach links und oben bewegt.

Gleiter bewegen sich daher durch das zelluläre Universum, können Signale übertragen und ermöglichen Veränderung. Es gibt sogar Konfigurationen, die Gleiter regelmäßig produzieren, so genannte Gleiterkanonen. Zuletzt sei noch auf die gegenteilige Erscheinung hingewiesen, den ›Fresser‹ (Abb. 10d), der ohne Schaden zu nehmen Zellstrukturen verspeisen kann, selbst wenn diese deutlich größer sind als er selbst.

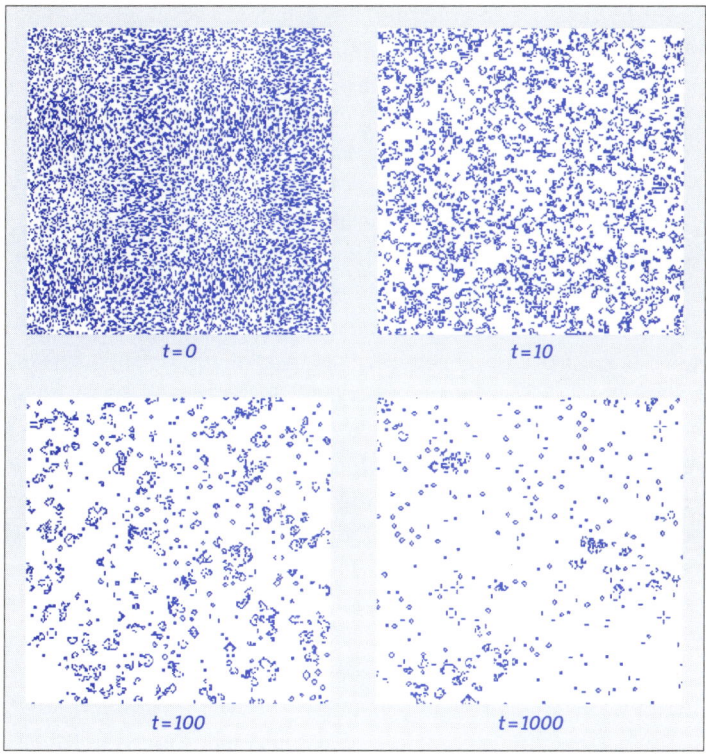

Abb. 13: Die Entwicklung einer ausgedehnten räumlichen Anfangsstruktur (oben links) in *Life* nach 10, 100 und 1000 Zeitschritten.

Wir haben die Abläufe in *Life* bisher auf zwei verschiedenen Ebenen beschrieben: Zunächst auf der untersten Mikroebene der lokalen Wechselwirkung zwischen Zellen gemäß den Grundregeln; auf einer darüber liegenden Betrachtungsebene konnten wir autonomes Verhalten einfacher, auf wenigen Zellen beruhender Objekte beobachten: periodische Abläufe, Erstarrung, Gleiterbewegung und Interaktion zwischen diesen Objekten, wie Erzeugung von Gleitern oder Vernichtung durch Fresser. Überblickt man nun den Kosmos von *Life* aus größerer Distanz, so lassen sich auf dieser weiteren Betrachtungsebene einzelne Zellen oder kleine Objekte kaum noch identifizieren; stattdessen wird die Entwicklung von räumlichen Mustern und Zellaggregaten auf größeren Skalen augenscheinlich. Das veranschaulicht Abbildung 13, die das Spiel des Lebens einer anfangs schon ausgedehnten Population (linkes Quadrat) nach 10, 100 und 1000 Zeitschritten Revue passieren lässt.

Trotz der Einfachheit der Grundregeln ist die Populationsentwicklung im Spiel des Lebens unvorhersagbar; das heißt, es existiert keine Möglichkeit, bei gegebener Anfangskonfiguration den Zustand nach *n* Iterationen vorherzusagen (z. B., ob die Entwicklung zum Erliegen kommt), es sei denn wirklich Schritt für Schritt durch explizite Berechnung. Es gibt keine (einfachen) Regeln auf einer höheren Ebene, die die direkte Berechnung mit Hilfe der elementaren Vorschriften ersetzen könnten. Der Computeraufwand, um alle möglichen Konfigurationen zu bestimmen, wächst exponentiell mit dem betrachteten Gebiet. Auch umgekehrt kann man nicht von einer entwickelten Zellpopulation auf den Anfangszustand zurückschließen, ohne dass man erneut sukzessive die Generationenfolge zurückrechnet. Die ernüchternde Behauptung, dass die Evolution in *Life* prinzipiell unvorhersagbar ist, lässt sich beweisen. Conway, der Vater von *Life*, konnte zeigen, dass es wie eine universelle **Turingmaschine** funktioniert und dass damit strenge Aussagen der mathematischen Logik und Berechenbarkeitstheorie auf *Life* Anwendung finden (**Algorithmische Komplexität**).

S. 111

S. 112

Abb. 14: Räumlich-zeitliche Entwicklung von eindimensionalen zellulären Automaten für verschiedene Langton-Parameter λ. Jede Reihe von Pixeln zeigt den Zustand zu einem Zeitpunkt; die oberste Reihe gibt jeweils die Ausgangskonfiguration an.
oben: kleines λ, statisch (Klasse I),
Mitte: $\lambda < \lambda_k$, geordnet (Klasse II),
unten: $\lambda > \lambda_k$, chaotisch (Klasse III).

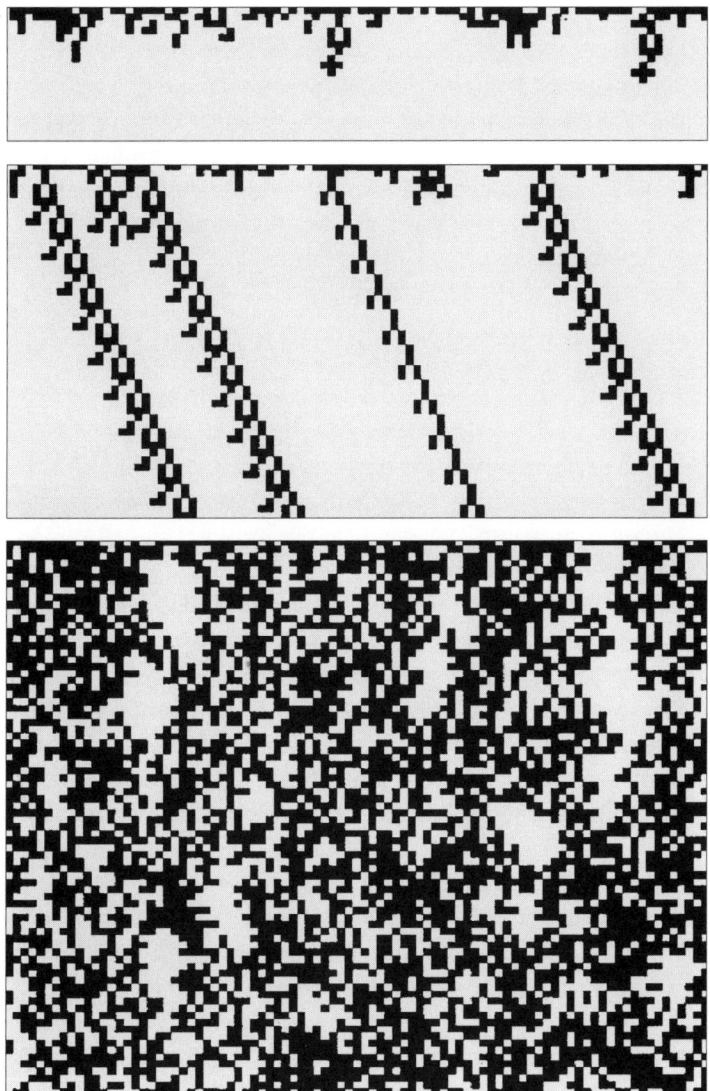

Von einem reduktionistischen Standpunkt aus gesehen erscheint *Life* zunächst als ideal, da alles Geschehen mathematisch exakt durch einfachste Regeln determiniert ist. Würde man diese Regeln aber nicht kennen, so wäre es hoffnungslos, sie durch Beobachtung der Muster auf größeren Skalen wie in Abbildung 13 erschließen zu wollen. Die Entstehung und Veränderung der globalen Muster kann insofern als mit neuen Eigenschaften behaftetes, emergentes Verhalten gedeutet werden.

Leben in der Nähe des kritischen Zustands

Life besticht in seinem Verhalten neben Emergenz durch Unvorhersagbarkeit, Vielschichtigkeit und eine ungeheure Vielfalt von raumzeitlichen, teils irregulären und teils geordneten Mustern, alles Attribute, die wir komplexen Systemen zuschreiben. Gibt es aber über diese auf qualitativen Analysen oder nur Augenschein beruhenden Einschätzungen hinaus strengere Maßstäbe, die wir an *Life* anlegen können? Handelt es sich bei *Life* um Leben am Rande des Chaos, um es – im Sinne unserer ursprünglichen Arbeitsdefinition – als komplexes System im engeren Sinne einordnen zu können?

Wie schon erwähnt, hatte sich Steven Wolfram – im allgemeineren Kontext zellulärer Automaten – der Suche nach dem Grad der ihnen innewohnenden Komplexität verschrieben. Eine systematische Untersuchung verschiedener ZA erscheint allerdings fast hoffnungslos: Lässt man nur lokale Vorschriften zu, nach denen der zukünftige Zustand einer Zelle durch ihre acht Nachbarzellen bestimmt wird, so ergibt sich daraus die ungeheure Zahl von 2^{512} verschiedenen möglichen Regeln, die jeweils einen zweidimensionalen ZA spezifizieren. Wolfram konzentrierte sich daher zunächst auf eindimensionale ZA, bei denen die Zellen auf einer Reihe angeordnet sind und jede Zelle nur zwei Nachbarn hat. Dann gibt es nur $2^8 = 256$ verschiedene Regeln bzw. ZA, und zudem ist die Visualisierung der Populationsdyna-

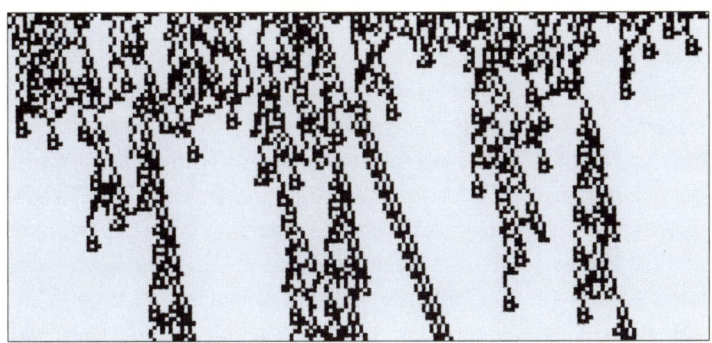

Abb. 15: Leben am Rande des Chaos: komplexes Muster eines Automaten nahe des kritischen Punktes. [13]

mik in einem Raum-Zeit-Diagramm auf einem Blatt Papier oder Computerbildschirm noch möglich. Für eine repräsentative Unterklasse von 32 eindimensionalen ZA erforschten Wolfram und seine Mitarbeiter in aufwendigen Computersimulationen die Entwicklung verschiedenster Anfangskonfigurationen und fanden, dass sich alle ZA einer der folgenden vier Klassen zuordnen lassen können: In ZA der Klasse I gehen praktisch alle Anfangskonfigurationen in feste, erstarrte Endkonfigurationen über, in Automaten der Klasse II entwickeln sich geordnete Populationen, die periodisch immer wiederkehren; Klasse-III-Automaten sind durch sehr lange chaotisch bzw. irregulär erscheinende Muster gekennzeichnet, die sich nicht periodisch wiederholen. Einige der ZA produzierten Muster, die von Wolfram als ›komplex‹ eingestuft wurden, ließen sich nicht den Klassen I bis III zuschreiben. Diese ZA wurden in einer Klasse IV zusammengefasst.

Die Charakteristika der Klassen I bis III erinnern stark an die Eigenschaften der logistischen Abbildung aus dem zweiten Kapitel (Abb. 3) oder, allgemeiner, an mögliche Erscheinungsformen nichtlinearer kontinuierlicher Systeme: Die zeitliche Entwicklung endet in einem Fixpunkt (I), auf einem periodischen Grenzzyklus (II) oder in chaotischer Bewegung (III).

Wolfram konnte zwar die ZA empirisch kategorisieren, er fand aber keinen Zusammenhang zwischen den einen ZA definierenden Regeln und dem sich daraus ergebenden Verhalten (regulär, komplex oder chaotisch). Hier brachte Langton[12] 1992 Licht ins Dunkel. Bei der logistischen Gleichung in Kapitel 2 konnte man die Art der Dynamik durch einen Parameter r steuern. Langton entdeckte ein hierzu analoges Schema für ZA. Er führte einen kontinuierlichen Parameter ein, den er mit λ bezeichnete und der die Wahrscheinlichkeit dafür angibt, dass eine Zelle in einem ZA beim nächsten Zeitschritt überlebt (genauer gesagt muss man zum jeweiligen Wert von λ korrespondierende Regeln erzeugen, die dann diese Überlebensrate liefern).

Regeln für $\lambda = 0$ töten generell jedes Leben. Die Entwicklung von Zellpopulationen für verschiedene Werte von $\lambda > 0$ sind in Abbildung 14 illustriert. Die drei Teile zeigen jeweils von oben nach unten die zeitliche Entwicklung einer zufällig gewählten Anfangskonfiguration in der jeweils ersten Zeile. Schwarze und weiße Quadrate repräsentieren lebendige bzw. tote Zellen. Für kleines λ (Abb. 14 oben) stirbt die Zellpopulation rasch ab, was einem stabilen Zustand aus Wolframs Klasse I entspricht. Für etwas größere λ-Werte entstehen einfache reguläre, zeitlich wiederkehrende Muster (Klasse II, Abb. 14 Mitte). An einem kritischen Wert λ_k schlägt das geordnete Verhalten plötzlich um, und man findet irregulär-chaotische Strukturen, die sich Wolframs Klasse III zuordnen lassen (Abb. 14 unten). Am Übergangspunkt λ_k zwischen Ordnung und Chaos tritt das geheimnisvolle Verhalten der Klasse IV-Automaten zu Tage. Das Raum-Zeit-Diagramm eines Vertreters dieser Klasse ist in Abbildung 15 zu sehen: Es ist geprägt durch eine Vielfalt ineinander verwobener regulärer und chaotischer Bereiche, durch ›lebende‹ wachsende und schrumpfende Zellverbände und durch räumlich lokalisierte bzw. sich fortbewegende Zellkolonien.

Aufwendige Computersimulationen für zweidimensionale Automaten deuten darauf hin, dass die gleiche Einordnung in die Kategorien I bis IV wie für eindimensionale ZA möglich ist. Die meisten dieser ZA zeigten ›überkritisches‹, d. h. chaotisches Verhalten. Trotz intensiver Suche mit Hochleistungsrechnern fand man bisher nur einen einzigen Vertreter der Klasse IV komplexer Systeme: das von Conway erdachte Spiel des Lebens! Führt man sich noch einmal vor Augen, dass es 2^{512} verschiedene einfache zweidimensionale ZA gibt, so wird klar, was für ein Maß an Intuition dazu gehört, diese Nadel im Heuhaufen zu finden! Bak, Chen und Creutz konnten mit Methoden, auf die wir im nächsten Kapitel zu sprechen kommen, zeigen, dass *Life* tatsächlich kritisches Verhalten aufweist.[14] Da, wie anfangs erwähnt, *Life* alle Eigenschaften einer universellen **Turingmaschine** erfüllt, öffnet sich hier ein tiefer Zusammenhang zwischen Komplexität einerseits und mathematischen Theorien für Algorithmen und Berechenbarkeit andererseits, wie anhand der **algorithmischen Komplexität** problematisiert. Wichtig in diesem Zusammenhang sind auch der **Gödel'sche Unvollständigkeitssatz** und die Unentscheidbarkeit des Halteproblems der Turingmaschine.

S. 111

S. 112

S. 109

Künstliches Leben und Evolution

Das Spiel des Lebens war von Conway zunächst eher als abstraktes Spielzeugmodell mit einem reichen Repertoire an neuen Eigenschaften erdacht worden als wirklich mit der Intention, natürliches Leben zu simulieren. *Life* ist auch später nie als ernst zu nehmendes realistisches Modell biologischer Abläufe angesehen worden. Es repräsentiert ein sehr einfaches, wenn auch prominentes Werkzeug einer Forschungsrichtung, die sich mit künstlichem Leben, englisch: *Artificial life* oder kurz: *Alife*, befasst. *Alife*-Forscher sind daran interessiert, künstliche Modellsysteme zu erstellen, die Eigenschaften natürlicher Systeme aufweisen und die biologische Entwicklungsprozesse simulieren. Jeder lebende Organismus entsteht in einem Prozess der Selbstorganisation auf der Basis genetischer Information. Dieser Genotyp, der genetische Code, wird in *Alife*-Simulationen durch Anfangskonstellationen und die Vorgabe lokaler Regeln modelliert. Der Phänotyp, der ausgebildete lebende Organismus, entspricht den sich entwickelnden komplexen Strukturen künstlichen Lebens.

Eine Reihe von *Alife*-Forschern ist davon überzeugt, dass die Region am Rande des Chaos für Abläufe, welche man als ›Leben‹ charakterisieren würde, eine besondere Rolle spielt. Diesbezüglich gibt es zwei Sichtweisen, die unterschiedliche evolutionäre Mechanismen in den Vordergrund stellen:

Langton[12], Kauffman[15] und andere argumentieren, dass Systeme, die in der kritischen Region zwischen Ordnung und Irregularität operieren, besonders variables und vielschichtiges Verhalten aufweisen und sich daher am besten an Veränderungen der Umgebung anpassen könnten. Sie hätten damit einen evolutionären Vorteil gegenüber anderen Systemen.

Green[16] dagegen glaubt, dass ein komplexes System zwischen der regulären und chaotischen Phase hin- und herspringt: Das System befindet sich gewöhnlich in der statischen, geordneten Phase, in der Veränderungen minimal sind. Äußere Einflüsse (beispielsweise Prozesse in granularen Systemen, die Lawinen auslösen, Feuer in Ökosystemen, die Ereignisse des 11. September 2001 in der Weltwirtschaft etc.) überführen das System zeitweise in die ungeordnete Phase, in der größere Veränderungen erfolgen, ehe das System wieder über den Chaosrand zurückkehrt und in einen neuen quasistationären Zustand in der geordneten Phase ›kristallisiert‹.

Was den Grad der Emergenz in *Alife*-Systemen angeht, gibt es auch gegensätzliche Auffassungen: So können nach Cariani[17] formale mathematische Modellsysteme nicht wirkliche emergente Eigenschaften an den Tag legen, da jeder Zustand exakt durch den Anfangszustand deterministisch determiniert ist und im Laufe der Evolution keinen

Abb. 16: Die Barhan-Dünen in Marokko, Prototypen komplexer granularer Systeme, haben die charakteristische Form von Croissants.

weiteren (äußeren) Einflüssen unterliegt. Ein Zweig der *Alife*-Forschung sucht daher nach evolutionären *Alife*-Modellen, die über die in diesem Kapitel geschilderten emergenten Eigenschaften hinaus die Fähigkeit besitzen, sich – in Analogie zu biologischen Systemen – an neue äußere Gegebenheiten anzupassen. Man spricht dann auch von komplexen adaptiven Systemen. Inwiefern formale mathematische *Alife*-Modellsysteme wirkliches Leben erfassen, bleibt aber umstritten.

4 GRANULARE MATERIE UND SELBSTORGANISIERTE KRITIKALITÄT

Granulate: Zwischen fest und flüssig

Schon im letzten Kapitel hatten wir auf granulare Systeme (Schüttgüter wie Sand, Getreide, Pulver) als Beispiele emergenter Systeme hingewiesen, in denen komplexes Verhalten durch die Interaktion der Bestandteile, in diesem Fall der Körner, entsteht. Dass Granulate verblüffende Eigenschaften besitzen, sieht man zum Beispiel, wenn man morgens das Müsliglas auf und ab schüttelt. Dann wandern die größeren Ingredienzien wie Nüsse, Cornflakes oder Fruchtstücke nach oben und sammeln sich dort. Das ist erstaunlich, da man doch erwarten würde, dass sich zumindest die schwereren Nüsse im Müsli weiter nach unten bewegen. Dieses allgemeine Phänomen, dass verschiedene Stoffe in einem Granulat dazu neigen, sich von selbst stärker zu ordnen, ist als das Paranuss-Problem bekannt: Das ursprünglich gut gemischt abgepackte Müsli kann sich beim Transport entmischen. Der wissenschaftlichen Lösung des Paranuss-Problems ist man tatsächlich erst in den letzten Jahren auf die Spur gekommen. Die Theorie läuft darauf hinaus, dass sich verschiedene Granulate in einer Mischung wie Stoffe mit unterschiedlichem Schmelzpunkt verhalten und in ihren Eigenschaften zwischen einer flüssigen und einer quasikristallinen Phase schwanken.[18]

Granulare Systeme lassen sich ganz generell nicht in ein Schema »fest oder flüssig« pressen: Entnimmt man Kies oder Getreide aus einem Silo, so können diese Stoffe fast wie Flüssigkeiten fließen, es kann aber auch umgekehrt plötzlich zu Stauungen und Verstopfungen kommen. Je nachdem, wie stark beispielsweise Sand komprimiert ist, kann man auf ihm laufen wie auf einer harten Oberfläche, oder man sinkt tief ein. Die merkwürdigen Eigenschaften granularer Materie haben ihre Ursache zum einen in der Reibung zwischen den einzelnen granularen Teilchen (einem mikroskopisch immer noch nicht vollständig verstandenen Effekt) und zum anderen in der Tatsache, dass das Granulat durch Verkanten Hohlräume bildet, mit dem Effekt, dass die Dichte granularer Materie räumlich und zeitlich sehr schwanken kann.

Sanddünen sind wohlbekannte Repräsentanten natürlicher granularer Systeme. Durch Wind wird Sand auf- und abgetragen, wodurch die Dünen wandern können oder eine Vielzahl charakteristischer Formen ausbilden, abhängig von den lokalen Bedingungen. Das vielleicht am besten untersuchte Beispiel stellen die Barhan-Dünen dar, die entstehen können, wenn der Wind immer aus der gleichen Richtung weht und nicht genug Sand zur Verfügung steht (z.B. in Peru, Namibia und Marokko). Sie haben, wie in Abbildung 16 zu sehen ist, die Form eines Croissants und bewegen sich mit einer Geschwindigkeit von bis zu 60 Metern pro Jahr fort. Der Physiker Hans Hermann hat an Hand von Computersimulationen nachvollzogen, wie sich die spezielle Gestalt dieser Dünen herausbildet.[19] Die Barhan-Dünen sind ein weiteres eindrucksvolles Beispiel dafür, dass aus unzählig vielen Einzelteilen bestehende Systeme von selbst stabile geordnete Strukturen ausbilden, deren Form und Dynamik sich nicht (direkt) aus den mikroskopischen Wechselwirkungen erschließen lassen. Dünen sind komplexe Systeme.

Sandhügel, Lawinen und Skalengesetze

Wir wollen im Folgenden am Beispiel eines Sandhaufens komplexen Phänomenen in granularen Systemen näher auf den Grund gehen. Lässt man Sand stetig an einer Stelle auf die Erde rieseln, so bildet sich langsam ein Sandhügel, der Hügel wächst und seine Hänge werden zunehmend steiler. Zunächst gehen kleinere, dann eventuell auch größere Lawinen ab.

Der Sandhügel ist ein offenes System im Nichtgleichgewicht, dem ständig Energie und Materie durch den rieselnden Sand von oben zugeführt wird. Durch schlichtes Herunterrollen oder durch ganze Lawinen verlassen Sandkörner wieder den Sandhaufen (wenn man dessen Grundfläche begrenzt). Durch das Wechselspiel zwischen stetem Hinzufügen des Sands und plötzlichen Lawinenabgängen schwankt die Neigung der Böschung um einen bestimmten kritischen Wert. Im zeitlichen Mittel jedoch bildet sich so ein stationärer Zustand aus, d. h. die mittlere Sandmenge und Hangneigung des Sandhügels bleiben gleich. Nichtsdestoweniger gerät er durch plötzliche Lawinenabgänge aus einer temporären Balance, ehe er sich wieder zwischenzeitlich stabilisiert. Die Sandlawinen ihrerseits entstehen durch eine Kettenreaktion, in der ein einzelnes fallendes Sandkorn andere Körner anstößt, die wiederum weitere mitreißen. Wann und auf welcher Länge der Hang abrutscht, ist unmöglich vorauszusagen. Die Lawinen haben eine ihnen eigene kollektive Dynamik, die sich grundsätzlich vom Verhalten einzelner Sandkörner unterscheidet. Die Ausbildung der kritischen Steigung der Böschung und das globale Verhalten des Sandhügels sind Ausdruck von Emergenz; sie lassen sich nicht aus der Kenntnis der lokalen Dynamik der Körner vorhersagen. Auch Sandhügel sind komplexe Systeme.

Selbst wenn man einzelne Lawinen nicht prognostizieren kann, so lassen sich zumindest statistische Betrachtungen über ihre Größe und Häufigkeit anstellen, um die komplexe Dynamik zu quantifizieren. Dem widmeten sich Ende der 8oer Jahre die theoretischen Physiker Bak, Tang und Wiesenfeld. Sie entwickelten ein einfaches Modell eines Sandhaufens: Sie stellten sich eine schachbrettartig in Quadrate unterteilte Fläche vor, auf die Sand rieselt. Jedes der Felder enthält eine gewisse Zahl übereinander gestapelter quadratischer »Sandkörner«. Ein herunterrieselndes Sandkorn wird dadurch simuliert, dass man die Zahl der Körner eines zufällig ausgewählten Quadrats um eins erhöht. Übersteigt die Zahl der Sandkörner, also die Höhe des Stapels auf einem Kästchen, einen kritischen Wert, sagen wir vier, dann werden die vier Sandkörner auf die benachbarten Kästchen verteilt. Für die sich ergebende neue Verteilung der Körner wird dann die Vorschrift erneut angewendet. Dieses Minimalmodell eines Sandhaufens ist ein weiteres typisches Beispiel eines **zellulären Automaten**. Das Modell und die Iterationsvorschrift, bei der man nur bis vier zählen können muss, stellen natürlich eine extreme Vereinfachung eines echten Sandhaufens dar, bei dem die Körner verschieden geformt sind, Schwer- und Reibungskräfte herrschen, Energie übertragen wird usw. Dennoch erweisen sich Vorhersagen für die Statistik von Lawinenabgängen, die auf diesem Modell beruhen, als erstaunlich wirklichkeitsnah. Eine »Lawine« entsteht im Zellularautomatenmodell in einer Kettenreaktion dadurch, dass eine Zelle mit vier oder mehr Körnern diese an ihre Nachbarzellen weitergibt,

S.106

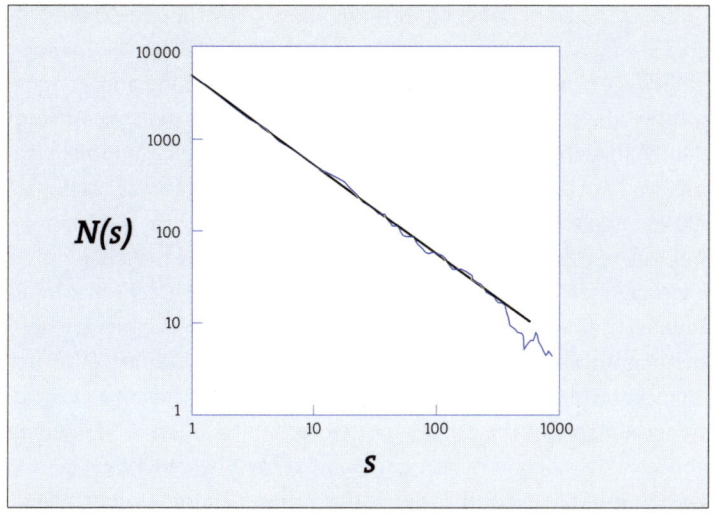

Abb. 17: Lawinenzahl *N(s)* als Funktion ihrer Größe *s* in logarithmischer Darstellung aufgetragen.

die ihrerseits »überlaufen« und Sandkörner weitergeben und so fort. Nach einer gewissen Zahl von Zeitschritten hält die Lawine irgendwann von selbst, und man muss erst von außen neue Sandkörner hinzufügen, um eventuell nach einiger Zeit eine neue Lawine auszulösen. Die Zahl *s* der Kästchen, die an einer Kettenreaktion beteiligt sind und dabei die kritische Zahl (vier) erreichen, gibt die Größe der Lawine an. Ein geeignetes Maß für ihre »Stärke« ist der Logarithmus von *s*. Das bedeutet beispielsweise, dass eine Lawine der Größe $s = 1000 = 10^3$ die Stärke 3 besitzt. Sie ist zehnmal größer als eine Lawine der Stärke 2 ($s = 100 = 10^2$) und hundertmal größer als eine Lawine der Stärke 1 ($s = 10 = 10^1$).

Nun kann man auf dem Computer leicht Millionen von künstlichen Lawinen simulieren und nach ihrer Stärke ordnen. Das Ergebnis ist in Abbildung 17 dargestellt. Auf der horizontalen Achse ist die

Stärke der Lawine, der Logarithmus ihrer Größe, aufgetragen. Entsprechend ist auf der vertikalen Achse die Zahl $N(s)$ der Lawinen einer gegebenen Stärke in logarithmischer Darstellung aufgetragen, d. h. an der Achse stehen 1, 10, 100, 1000, ... in jeweils gleichen Abständen. Man sieht, dass die Ergebnisse der Computersimulationen annähernd auf einer Geraden (mit Steigung –1,1) liegen. Was bedeutet dieses Ergebnis? Zunächst folgt daraus, dass die Zahl der Lawinen mit ihrer Größe abnimmt, genauer gesagt gibt es etwa zehnmal so viele Lawinen der Stärke 2 wie Lawinen der Stärke 3, zehnmal mehr Lawinen der Stärke 1 wie Lawinen der Stärke 2 usw. Die hier bei doppelt logarithmischer Auftragung entstehende Gerade ist Ausdruck eines **Potenzgesetzes**. Abgesehen von kleinen statistischen Fluktuationen entspricht die Kurve einer einfachen Geraden. Alle Lawinen von den kleinsten, aus wenigen Sandkörnern bestehenden, bis hin zu den größten, sich über den ganzen Hang erstreckenden, gehorchen dem gleichen Gesetz! Das Gesetz gilt somit auf allen (Größen-)Skalen. Man spricht von Skalenfreiheit oder Skaleninvarianz. Es gibt keine charakteristische Größeneinheit, die beispielsweise durch ein Maximum in der Verteilungsfunktion gegeben wäre. Auf Grund der monotonen strukturlosen Verteilung ist keine Stärke der Lawinen ausgezeichnet. Auf die Frage: »Wie stark ist eine typische Lawine?« gibt es keine sinnvolle Antwort.

S. 84

Gibt es eine derartige Gesetzmäßigkeit auch für Lawinen in ›echten‹ Sandhügeln? Dieser Fragestellung wurde in verschiedenen Experimenten mit unterschiedlichen Granulaten nachgegangen. Obwohl von der Konzeption her einfach, erwies es sich als höchst kompliziert, derartige Experimente kontrolliert und reproduzierbar durchzuführen und die Größe von Lawinen genau zu messen. Das präziseste Experiment wurde schließlich von Feder und seinen Mitarbeitern nicht mit Sand, sondern mit Reis durchgeführt. Es dauerte insgesamt über ein Jahr, unter anderem auch, weil große Lawinen sehr selten sind und man für eine gute Statistik lange warten muss. Die Reisexperimente zeigten unzweideutig, dass die im Labor erzeugten Lawinen denselben Skalengesetzen unterliegen. Das gilt aber nicht nur für die im Computer oder im Labor generierten Lawinen, sondern tatsächlich auch für ›echte‹ Lawinen.[20] Durch die Messung von Zahl und Größe von Erdrutschen (nahe zweier Gebirgsstraßen) im Himalaya ermittelte David Noever ein Skalengesetz, welches über sechs Größenordnungen (für Erdrutsche von 1 bis 10 Millionen m³) Gültigkeit hat!

Erdbeben

Skalengesetze kreuzten bisher schon mehrfach unseren Weg, als Merkmal von **Fraktalen** und in universeller Form bei **Phasenübergängen**. Zu den hier für granulare Dynamik beobachteten Skalengesetzen gibt es jedoch auch Analoga in verschiedensten anderen Disziplinen, weit über die Physik hinaus. Das vielleicht eindrucksvollste Beispiel entstammt den Geowissenschaften: das Gutenberg-Richter-Gesetz für Erdbeben von 1949. Ähnlich wie bei den Lawinen im Kleinen ist es auch heute noch unmöglich, den genauen Zeitpunkt und Ort eines Erdbebens vorherzusagen; andererseits hat man über viele Jahre genaue Aufzeichnungen über die Zahl der Erdbeben und ihre Stärke, die durch die Richter-Skala festgelegt wird. Hierbei handelt es sich erneut um eine logarithmische Skala. Der angegebene Wert ist ein Maß für den Logarithmus der bei einem Erdbeben freigesetzten Energie: Bei einem Erdbeben der Stärke 7 wird demnach zehnmal so viel Energie wie bei einem Beben der Stärke 6 und eine Million Mal mehr Energie freigesetzt als bei einer leichten Erschütterung der Stärke 1. Trägt man die Zahl der Erdbeben logarithmisch, gegen ihre Stärke auf der Richter-Skala auf, so liegen die Datenpunkte aller Erdbeben erneut alle auf einer gemeinsamen Geraden (Abb. 18)! Das ist das empirische Gutenberg-Richter-Gesetz.

Das Frappierende ist, dass einerseits kleinste Erschütterungen der Stärke 1, wie die eines vorbeifahrenden Zuges, und andererseits ge-

S. 87
S. 98

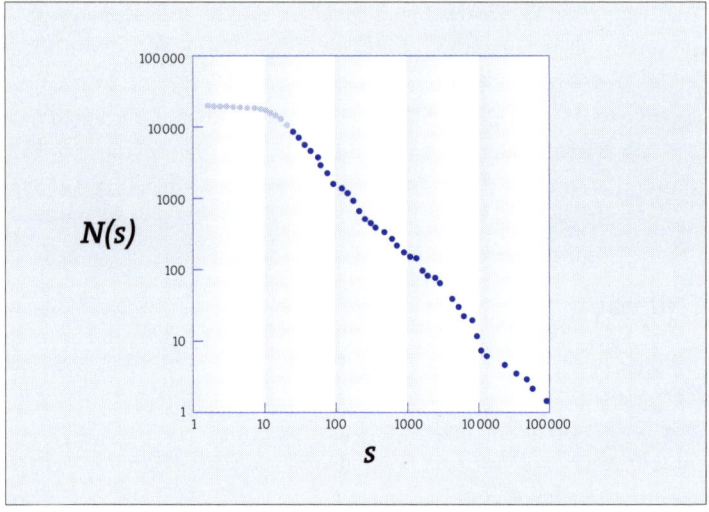

Abb. 18: Die Zahl der Erdbeben als Funktion ihrer Größe folgt dem Gutenberg-Richter-Gesetz. Die Statistik basiert auf Daten zu Erdbeben in der New-Madrid-Zone (USA).

waltige Erdbeben die Erscheinungsformen komplexer geologischer Abläufe sind, dem gleichen höchst einfachen Gesetz unterliegen, analog zum Potenzgesetz für Lawinen. Das Gutenberg-Richter-Gesetz ist ein Paradebeispiel dafür, dass das kaum zu durchschauende Zusammenwirken der einzelnen Komponenten eines vielschichtigen Systems sich in emergenter Weise in einem einfachen universell gültigen empirischen »Naturgesetz« manifestiert, welches sich nicht aus Grundgesetzen der Physik ableiten lässt.

Wir haben am Beispiel granularer und geophysikalischer Systeme gesehen, dass die Wechselwirkung der einzelnen Bestandteile komplexer Systeme durch den Domino-Effekt plötzlich kleine oder größere Veränderungen bis hin zu Katastrophen (Lawinen oder Erdbeben) auslöst. Ähnliches Verhalten findet man in der Ökonomie für Preisschwankungen von Produkten oder für das Auf und Ab der

Aktienkurse an den Börsen. Auch hier ist nur eine statistische Analyse möglich; kleine Kursänderungen erfolgen ständig, plötzliche große Kursschwankungen sind zwar selten, aber praktisch nicht vorhersagbar. Auch hier zeigen empirische Untersuchungen, dass Kurs- oder Preisschwankungen häufig über mehrere Größenordnungen skalenfrei sind (**Potenzgesetze**).

S. 84

Alle die genannten Beispiele deuten darauf hin, dass Skaleninvarianz und deren mathematische Formulierung durch Potenzgesetze ein Charakteristikum komplexer Systeme ist. Ist in diesem Sinne das bereits analysierte »Spiel des Lebens« auch komplex? In *Life* lassen sich ›Lawinen‹ simulieren und generieren, indem man eine quasistationäre Zellkonfiguration durch eine kleine ›Mutation‹ leicht stört, beispielsweise durch das Hinzufügen einer lebenden Zelle entsprechend dem Hinzufügen eines Sandkorns. Man misst dann die durch die Störung bewirkte zusätzliche Aktivität (Geburt und Absterben von Zellen), ehe das System wieder in einen quasistationären Zustand übergeht. Per Bak und seine Mitarbeiter haben diese Analyse durchgeführt. Es ergab sich für *Life* – wie sollte es anders sein – erneut ein Skalengesetz!

Die Vielschichtigkeit komplexer Systeme drückt sich also darin aus, dass Häufigkeit und Ausmaß von Veränderungen, Ereignissen oder Katastrophen einfachsten Skalengesetzen gehorchen. Ähnliche Skalenfreiheit findet sich, wenn man gemessene Signale oder Daten (zum Beispiel Geräusche, die Steigung der Sandhügel, Preis- oder Kursentwicklungen) als Funktion der Zeit analysiert. Komplexe Systeme zeichnen sich dabei durch so genanntes **Eins-über-*f*-Rauschen** aus, wobei *f* für Frequenz steht. Es unterscheidet sich von rein zufälligem Rauschen dadurch, dass zeitlich aufeinander folgende Daten nicht unabhängig voneinander sind. Andererseits ist der zeitliche Ablauf natürlich wesentlich variantenreicher als ein Signal, das sich mit genau einer Frequenz periodisch wiederholt. Das *1/f*-Rauschen komplexer dynamischer Systeme liegt daher in der spannungsreichen Mitte zwi-

S. 102

schen Zufallsrauschen und geordneten, (quasi)periodischen Signalen. Neben dem charakteristischen Zeitverhalten finden sich auch in der räumlichen Ausprägung Fingerabdrücke komplexer Dynamik: So zeigt z.B. eine Untersuchung der Oberflächen der Sandhügel, dass sie **Fraktale** sind.[4] Bak argumentiert schlüssig, dass die oben dargelegten Phänomene, nämlich Skalengesetzen folgende plötzliche Ereignisse (Katastrophen), *1/f*-Rauschen und selbstähnliche räumliche Strukturen, Charakteristika komplexen Verhaltens darstellen. Eigenschaften wie Potenzgesetze vom Gutenberg-Richter-Typ gelten für scheinbar so grundverschiedene Systeme wie Sandhügel, Erdbeben, das Spiel des Lebens oder für Aktienmärkte, um nur die hier diskutierten Beispiele zu nennen. Alle diese Systeme folgen, völlig unabhängig von den ihnen eigenen Details und Spezifika, dem gleichen emergenten Gesetz: Ihm scheint ein verborgenes universelles Prinzip zugrunde zu liegen!

Selbstorganisierte Kritikalität

Das Zutagetreten von einfachen Skalengesetzen gepaart mit dem Konzept der Universalität spielt auch in einem ganz anderen Bereich der Physik eine Schlüsselrolle, und zwar in der Theorie der Phasenübergänge von Systemen im Gleichgewicht. Ein **Phasenübergang** flüssig–gasförmig oder magnetisch–unmagnetisch findet statt, wenn ein das System bestimmender Parameter einen kritischen Wert überschreitet. Das Verhalten an diesem kritischen Punkt ist nicht mehr durch mikroskopische Detaileigenschaften (der Atome oder Moleküle) gekennzeichnet, sondern durch globale Merkmale, die universelle Züge tragen, d.h. für ganze Systemklassen ähnlich sind. Analoges universelles Verhalten trafen wir im zweiten Kapitel auf dem Weg ins Chaos an den kritischen Punkten der logistischen Abbildung an. Die hier betrachteten Systeme unterscheiden sich jeweils signifikant von den beiden gerade genannten: Es sind große, vielkomponentige Systeme, und sie sind nicht im Gleichgewicht. Aber auch sie befinden sich in einem kritischen Zustand. Am Beispiel des Sandhügels: Die Hangneigung pendelt, durch das Hinzufügen von Sand und Lawinenabgänge bedingt, um einen kritischen Neigungswinkel. Die Balance ist fragil, der Zustand kritisch, da Intervalle scheinbarer Stabilität von Zeit zu Zeit jäh und unvorhersagbar durch Lawinenabgänge (allgemeiner durch plötzliche große Veränderungen oder Katastrophen) unterbrochen werden. Im kritischen Zustand wirkt der Sandhaufen als eine Einheit, als komplexes System, in dem emergente, globale Regeln gelten, zum Beispiel die Skalengesetze.

Eine Vielzahl von Fakten deutet also darauf hin, dass Systeme, die entweder nahe dem Chaos operieren oder sich in kritischer Balance zwischen Ordnung und Unordnung bewegen, komplexes Verhalten zeigen. Aber wie erreicht ein System den kritischen Zustand? In vielen der bisher geschilderten Fälle, also der logistischen Abbildung, den Gleichgewichtsphasenübergängen oder bei den eindimensionalen zellulären Automaten geschieht das dadurch, dass von außen reguliert wird und ein Kontrollparameter gerade so eingestellt wird, dass das System am Rande des Chaos verharrt. Aber was, wenn es einen solchen Parameter nicht gibt oder niemanden, der das System von außen steuert?

Um dieses Problem zu lösen, haben Bak, Tang und Wiesenfeld das Konzept der selbstorganisierten Kritikalität entwickelt und postuliert.[14] Sie argumentieren, dass ausgedehnte Systeme im Nichtgleichgewicht dazu neigen, sich von selbst und ohne äußeres Zutun in einen kritischen Zustand fern von einer stabilen Gleichgewichtslage zu entwickeln. Dieser Zustand entsteht selbstorganisiert als Folge der Interaktion der vielen Bestandteile (Agenten). Der Prozess der Selbstorganisation hin zu einem komplexen Zustand vollzieht sich über eine sehr lange, transiente Zeitspanne. So ist beispielsweise das Gutenberg-Richter-Gesetz Ausdruck urzeitlich langer geophysikalischer Entwicklungsprozesse. Hier tritt der historische Aspekt als Merkmal komplexen Verhaltens erneut zu Tage. Bak und seine Mitarbeiter sehen in selbstorganisierter Kritikalität einen sehr allgemeinen, grundlegenden Mechanismus für das vielfältige Auftreten selbstähnlicher und fraktaler Phänomene in Raum und Zeit, denen allen Skaleninvarianz gemein ist und die Potenzgesetzen unterliegen. Sie vertreten die Hypothese, dass Komplexität und Kritikalität identisch sind. Über die Physik hinaus würden sich auch sozio-ökonomische Abläufe natürlicherweise im kritischen Zustand abspielen; plötzliche katastrophale Ereignisse wären demnach systemimmanent und unvermeidbar. Bak spekuliert weiter, dass der selbstorganisiert kritische Zustand demnach zwar nicht der optimale, aber dennoch der beste sei, den ein System dynamisch erreichen kann.

Dieses Konzept erscheint attraktiv, eröffnet es doch eine Erklärung dafür, dass sich natürliche Systeme ohne Steuerung von außen in einen durch komplexe Phänomene geprägten Zustand entwickeln. Die von Bak propagierten Hypothesen (Komplexität gleich Kritikalität und selbstorganisierte Kritikalität als der allem zugrunde liegende Mechanismus) sind umstritten, Hinweise für die Gültigkeit dieser Hypothesen in dieser Allgemeinheit sind noch vage. Zumindest lässt sich aber allgemeiner konstatieren, dass kritisches Verhalten im Zentrum beider diskutierter Konzepte steht, sowohl im Falle der selbstorganisierten Kritikalität, als auch für die Vorstellung des durch Parameter bestimmten Zustands am Rande des Chaos. Beide Ideen sind abhängig vom spezifischen Kontext. Selbstorganisierte Kritikalität erscheint allgemein zunächst als eine magische Eigenschaft, deren Erklärung – wenn überhaupt – nur im jeweiligen Kontext möglich erscheint.

5 STRUKTURBILDUNG IN DER CHEMIE

Reaktionen im Modell

Selbstorganisation und Strukturbildung als Resultat des Zusammenwirkens der einzelnen Bestandteile eines komplexen Vielteilchensystems waren uns schon im vorigen Kapitel im Zusammenhang mit granularen Medien begegnet, zum Beispiel bei der Entstehung und Ausbreitung von Sanddünen (Abb. 16). Die Ausbildung von Mustern und Strukturen »von selbst«, ohne gezielte äußere Steuerung, findet man in verschiedensten Gebieten der Physik, Chemie und Biologie. Beispiele sind die schon erwähnten Sandrippeln am Strand, Eisblumen auf Fensterscheiben, Wirbel in Flüssigkeiten, Konzentrationsfronten in chemischen Reaktionen, fraktale Bakterienstrukturen, die durch das Wachstum bizarre Formen ausbilden, Muster auf Muschelschalen, die Streifen auf dem Zebra etc.

Räumliche Strukturen und gegebenenfalls ihre zeitliche Entwicklung unterliegen verborgenen Ordnungsprinzipien, die sich im Allgemeinen nicht aus den mikroskopischen Wechselwirkungen der Bestandteile erschließen lassen. Die Erforschung dieser Gesetzmäßigkeiten ist erst in den letzten Jahrzehnten in den Blickpunkt des wissenschaftlichen Interesses gerückt. Dabei hat sich herausgestellt, dass derartige Strukturbildungsmechanismen häufig allgemeiner Natur, unter Umständen universell sind und für unterschiedlichste Systeme der Physik und Chemie gelten.

Wir werden hier Musterbildung exemplarisch für eine Klasse von Systemen aus der Chemie skizzieren und verzichten auf die Darstellung verwandter prominenter Phänomene aus der Physik, wie etwa der Strukturbildung von Ladungsfronten in Halbleitern und der hydrodynamischen Erscheinungen wie Konvektion und Turbulenz, die als komplexe Phänomene nicht minder interessant sind.

Im Vergleich zur Physik und aus Sicht der Physik erscheinen einfache Abläufe in der Chemie bereits als komplex oder zumindest kompliziert, wie zum Beispiel die Synthese einer typischen organischen Substanz. An einer einzigen Teilreaktion der Gesamtsynthese können 10^{22} Moleküle beteiligt sein (abgesehen von den sie zahlenmäßig deutlich übertreffenden Molekülen des Lösungsmittels), die ihrerseits wiederum aus vielen gekoppelten Atomen bestehen. Die Synthese selbst vollzieht sich durch eine komplizierte Abfolge und verschiedene Varianten chemischer Reaktionen, während derer jeweils eine große Zahl von chemischen Bindungen entstehen oder aufgebrochen werden.[21] Da sich derartige Reaktionsabläufe in realen Systemen unmöglich exakt und mikroskopisch detailliert beschreiben lassen, muss man zu ihrer Simulation auf oft stark vereinfachende mathematische Modelle zurückgreifen. Komplexes Verhalten in der Chemie wird daher an Systemen studiert, die durch nichtlineare Gleichungen beschrieben werden können, welche realistisch genug sind, um als adäquate Modelle zu fungieren, kompliziert genug, um interessante, nichtoffensichtliche Resultate zu liefern, aber auch einfach genug, um mathematisch unter Zuhilfenahme von Computern handhabbar zu sein.

Reaktions-Diffusions-Systeme

Gründliche Fallstudien zu komplexem Verhalten sind auf diese Weise an chemischen Reaktionen diffundierender Moleküle in räumlich ausgedehnten Systemen, so genannten Reaktions-Diffusions-Systemen, durchgeführt worden. Diese Systeme sind durch zwei simultan ablaufende, zusammenwirkende Prozesse gekennzeichnet: chemische Reaktionen einerseits, die die Konzentrationen der beteiligten Stoffe verändern, und die diffusive räumliche Bewegung der Reaktanten andererseits. Das kann dazu führen, dass sich die Konzentrationen der Substanzen zeitlich und räumlich periodisch ändern und

Abb. 19: Musterbildung in der Chemie: Spiralmuster der Konzentration von Substanzen in der Belousov-Zhabotinsky-Reaktion.

dass sich geordnete Strukturen entwickeln. Alan Turing, der geistige Vater der **Turingmaschine**, war auch in diesem Feld Pionier und hat eine derartige spontane Musterbildung schon 1952 in einer grundlegenden Arbeit diskutiert.

Das Paradebeispiel für periodisches und chaotisches Verhalten in einer chemischen Reaktion ist die experimentell in allen Facetten erforschte, nach ihren Entdeckern benannte Belousov-Zhabotinsky-Reaktion. Sie gehorcht einem komplizierten Reaktionsschema, an dem eine große Zahl verschiedener chemischer Stoffe beteiligt ist und das über eine Kette vieler einzelner Reaktionsschritte erfolgt. Gesteuert durch vorgegebene äußere Kontrollparameter (zum Beispiel

S.111

59

Temperatur oder Stoffzufuhr) ändern sich dann die Konzentrationen der beteiligten Reaktanten beispielsweise periodisch in der Zeit, was man anhand von Farbänderungen direkt verfolgen kann. Es ist nun möglich, die wesentlichen Züge der komplizierten Reaktionskinetik mit Hilfe eines Systems von wenigen nichtlinearen (Differential-) Gleichungen zu erfassen, die die zeitliche Entwicklung der Konzentrationen der an der Reaktion beteiligten Stoffe beschreiben. In einem sehr einfachen Modell der Belousov-Zhabotinsky-Reaktion sind die kennzeichnenden Größen zum einen die Konzentration einer Substanz, die die Reaktion autokatalytisch (sich selbst verstärkend) vorantreibt (Aktivator), zum anderen die Konzentration einer weiteren Substanz, die die Reaktion hemmt (Inhibitor). Aktivator und Inhibitor stehen generell im Wechselspiel.

Die Dynamik der Belousov-Zhabotinsky-Reaktion lässt sich durch drei Zustände klassifizieren[22]: (I) das System ist in einem erregbaren Ruhezustand. Dieser kann durch den Aktivator in einen (II) erregten Zustand überführt werden (zum Beispiel durch eine Störung wie das Eintauchen eines heißen Drahts in die Lösung, der die Reaktion initiiert); schließlich gerät das System beim Übergang vom erregten in den Ruhezustand in einen (III) refraktären Zustand, in dem es vorübergehend nicht angeregt werden kann.

Die Bildung und Ausbreitung von Erregungsfronten oder -wellen in räumlich ausgedehnten Systemen beruht nun auf der Verknüpfung von chemischer Reaktion und räumlicher Diffusion. Ein Erregungskeim, d. h. die lokale Erhöhung der Aktivatorkonzentration, kann durch Diffusion in benachbarte Bereiche übertragen werden, diese selbst aktivieren und sich dadurch räumlich fortpflanzen. Dadurch entstehen ausgehend von einer punktförmigen Erregung konzentrische Erregerwellenfronten des aktiven Zustands. Diese werden stets von einem refraktären Bereich gefolgt. Die refraktive Zone trennt eine Erregerfront von der jeweils nachfolgenden. Dadurch entstehen räumlich aufeinander folgende Wellen. Die sich fortbewegenden

Abb. 20: Zeitliche Entwicklung des Aufbruchs einer Spiralwelle und der Formation einer neuen kleineren Spiralwelle in der Belousov-Zhabotinsky-Reaktion.

Wellenfronten können nun an »Hindernissen« (räumlichen Inhomogenitäten des Systems) hängen bleiben und sich dadurch zu Spiralen aufwickeln. Abbildung 19 zeigt solche mit Hilfe des Computers sichtbar gemachte rotierende Spiralen, ein eindrucksvolles Beispiel für Strukturbildung in der Chemie.

In der Beschreibung musterbildender Prozesse finden sich erneut die Grundprinzipien der vorangegangenen Kapitel wieder. Komplexe Vielteilchendynamik, genauer die zufällige Bewegung der Moleküle und ihre Umwandlung in chemischen Reaktionen, wird durch vereinfachende Gleichungen modelliert, hier Ratengleichungen für makroskopische Größen wie die Konzentrationen der Stoffe. Die Gleichungen sind nichtlinear und beschreiben Nichtgleichgewichtsprozesse: Energie und Substanzen werden zu- und abgeführt (dissipiert) und in chemischen Reaktionen umgesetzt. Man spricht daher von Strukturbildung in dissipativen Systemen.

Spiralfömige Erregungswellen spielen über die Chemie hinaus als Kalziumwellen in Zellen eine Rolle und werden z. B. mit dem gefährlichen Problem des Kammerflimmerns im Herzen, einer Herzrythmusstörung, in Verbindung gebracht.[22]

Ob sich Muster ausbilden und ob sich diese zeitlich verändern, hängt von externen Kontrollparametern und Diffusionseigenschaften der Reaktanten ab. Auch in Reaktions-Diffusions-Systemen gibt es Parameterregime, in denen ursprünglich geordnete Muster aufbrechen und in ungeordnete chaotische Strukturen übergehen. Abbildung 20 zeigt das entsprechende Ergebnis einer Modellrechnung für die Belousov-Zhabotinsky-Reaktion. Die vier Teilbilder zeigen Schnappschüsse der zeitlichen Entwicklung des teilweisen Zerfalls einer Spiralwelle; analoge Szenarien sind auch in Experimenten beobachtet worden. Es entwickeln sich neue raum-zeitliche Muster, in denen reguläre und chaotische Bereiche koexistieren, Paradebeispiele komplexer Strukturen. Auch wenn dieses Verhalten nur für gewisse Einstellungen der Kontrollparameter auftritt und insofern nicht der Regelfall in der Natur ist, so sind gerade ausgezeichnete Werte der Kontrollparameter, für die zum Beispiel Bifurkationen und Übergänge von stabilem zu instabilem Verhalten auftreten, von besonderem Interesse, da diese Punkte den Parameterraum klassifizieren (ähnlich wie in der logistischen Abbildung im zweiten Kapitel) und häufig noch analytischen Lösungen zugänglich sind.

Reaktions-Diffusions-Systeme stellen nur eine Klasse komplexer Probleme in der Chemie dar. Eine weitere große und wichtige Problemklasse, die sich mit chemischer Komplexität befasst, umfasst z. B. Fragen, die auf die Strukturen, Formen, Konformationen und die

Dynamik von Makromolekülen abzielen (z.B. Proteinfaltung). Eine wesentliche Motivation für das Studium komplexen Verhaltens in der Chemie besteht darin, elementare Prozesse in lebenden Systemen der Biologie aus der Chemie heraus zu entschlüsseln. Das beinhaltet insbesondere zwei fundamentale Fragen[21]: (I) Wie können Gruppen wechselwirkender Moleküle Eigenschaften entwickeln und Vielfalt ausbilden, durch die Zellen und lebende Organsimen gekennzeichnet sind, zum Beispiel Energieverbrauch, Anpassung an umgebende Einflüsse, Reproduktion? (II) Wie haben sich einzelne Moleküle überhaupt zu Aggregaten formiert, die dann Züge lebender Strukturen tragen? Ob man das Verhalten von Organismen aus Abläufen auf molekularer Ebene überhaupt prinzipiell streng ableiten können wird, ist bisher unklar, denn auch hier kommen emergente Prozesse ins Spiel. Andererseits bietet sich auch die umgekehrte Möglichkeit, aus komplexen Abläufen in der Biologie zu lernen und künstliche, in der Natur nicht existierende Systeme zu entwickeln, die biologische Funktionen nachahmen.

6 KOMPLEXES VERHALTEN IN DER BIOLOGIE

Lebewesen scheinen von Natur aus komplex angelegt zu sein. Das gilt sowohl für ihren Aufbau als auch für ihre Reaktionsmöglichkeiten auf Umwelteinflüsse oder ihre wechselseitigen Interaktionen.

Hier eröffnet sich ein Forschungsfeld, das sich von der Zellbiologie über Evolutionsbiologie, Sozial- und Wirtschaftswissenschaften bis hin zur Psychologie erstreckt. Es gibt dabei faszinierende Querverbindungen, etwa zwischen Evolutionsbiologie, mathematischer Spieltheorie und dem Verhalten von Akteuren auf Wirtschaftsmärkten. Man ist zunehmend bemüht, die durch vielfache Regelkreise und ihre Rückkopplungen geprägten Mechanismen auf eine quantitative, formalisierbare Basis der Beschreibung zu stellen, wie man dies aus der Physik gewohnt ist. Ein Phänomen aus der Biologie, bei dem dies unlängst gelang, soll hier zur Sprache kommen.

Die vierte Dimension des Lebens: Fraktale Struktur von Organismen

Aus vielen Beispielen im Alltag ist bekannt, dass sich kleine, leichte Tiere in der Regel schnell bewegen, große, schwere dagegen langsam. Dies gilt auch für die Herzschlagfrequenz, sie ist bei einer Maus hoch im Vergleich zu einem Elefanten. Letzterer lebt dafür auch viel länger als eine Maus. Gibt es einen Zusammenhang, etwa zwischen der Lebenszeit oder der ›Aktivität‹ eines Lebewesens und seiner Körpermasse?

Die ›Aktivität‹ kann über die Geschwindigkeit des Stoffwechsels bestimmt werden. Diese so genannte Metabolismusrate X_{MB} gibt an, mit welcher Geschwindigkeit sich der Energieaustausch eines Organismus mit der Umgebung vollzieht. Im Jahre 1883 postulierte Rubner das Gesetz $X_{MB} \sim M^{2/3}$, wobei M die Körpermasse ist. Er argumentierte folgendermaßen: Die Körpermasse ist proportional zum Volumen L^3 eines Organismus, wobei L seine typische Längenausdehnung ist. Der Metabolismus, der Energieaustausch mit der Umgebung, findet durch die Oberfläche des Organismus statt und sollte daher mit L^2 skalieren. Aus $X_{MB} \sim L^2$ und $M \sim L^3$ ergibt sich die Erwartung $X_{MB} \sim M^{2/3}$. Diese Erwartung findet ihren allgemeineren Ausdruck in der so genannten allometrischen Gleichung

$$X = X_o \cdot M^{\gamma}. \qquad (2)$$

Sie stellt den Zusammenhang her zwischen einer biologischen Variablen X, wie der metabolischen Rate X_{MB} oder der Lebenserwartung eines Organismus, und seiner Körpermasse M. Hierbei ist X_o ein Referenzwert, der die Skala eicht, und γ der Skalenexponent. Wäh-

VARIABLE	PFLANZE	SÄUGETIER	EINZELLER
l	Mittlere freie Weglänge von der Wurzel zum Blatt	Mittlere Gefäßbahnabstand zwischen Herz und Kapillaren	Mittlerer Abstand von der Zelloberfläche zu den Mitochondrien und zwischen den Mitochondrien
a	Gesamte Blattfläche; absorbierende Wurzeloberfläche	Gesamtfläche der Kapillaren; Oberfläche innerer Organe	tatsächliche Zelloberfläche; Gesamtoberfläche der inneren Membranen von Mitochondrien
v	Gesamtes Stammvolumen; gesamtes Zellvolumen	gesamtes Blutvolumen; gesamtes Gewebe- oder Zellvolumen	Volumen des Zytoplasmas

Tab. 1: Typische Beispiele skalierender Netzwerkvariablen in Lebewesen.

rend X_o mit den individuellen und typischen Eigenschaften eines Organismus variiert, nimmt γ nur eine geringe Anzahl von Werten an, die, laut Rubner, alle Vielfache von 1/3 sein sollten, da die Körpermasse an das dreidimensionale Volumen des Körpers gebunden ist.

Schon in den 30er Jahren des letzten Jahrhunderts zeigte der Physiologe Kleiber jedoch experimentell, dass die Metabolismusrate in Wirklichkeit mit $M^{3/4}$ skaliert. Mittlererweile gibt es mehr als hundert Beispiele biologischer Variablen, von denen experimentell bekannt ist, dass sie mit Exponenten skalieren, die Vielfache von 1/4 sind. So skaliert der Herzschlag mit $M^{-1/4}$, die Lebenserwartung und die Blutzirkulation mit $M^{1/4}$.

In jüngster Zeit hat ein interdisziplinäres Team, bestehend aus den Biologen Enquist und Brown sowie dem theoretischen Physiker West, vorgeschlagen, wie man dieses Rätsel mit Hilfe einer fraktalen Anlage von Organismen erklären kann. Die Hypothese, 1997 vorgelegt[24] und 1999 verallgemeinert[25], beruht auf drei Prinzipien:

1. Der natürliche Selektionsdruck in der Natur führt zu einer Optimierung der Stoffwechselkapazität eines Lebewesens durch *Maximierung* der Oberflächen a, durch welche der Stoffwechsel ge-

schieht, und durch *Minimierung* der Transportdistanzen l und -zeiten t im Organismus.

2. Interne Versorgungsnetzwerke des Organismus können fraktale Struktur haben.

3. Es gibt eine kleinste typische Längeneinheit l_m in biologischen Systemen, die nicht mit der Größe des Organismus skaliert, sondern gleich bleibt.

Das Interessante ist nun, dass beliebige zwei dieser drei Prinzipien zu dem (empirisch falschen) Exponenten von 1/3 und seinen Vielfachen führen, alle drei zusammen aber Vielfache von 1/4 plausibel machen. Ohne dies im Detail zu erörtern, soll kurz skizziert werden, wie im Zusammenspiel der drei Prinzipien die ›vierte Dimension‹ entsteht.

Zunächst muss man wissen, wie die Gesamtoberfläche a im Organismus sich ändert, wenn alle charakteristischen Längen l_i des Organismus um einen Faktor Γ gestreckt werden, $l_i \rightarrow \Gamma \cdot l_i$. Dies führt zu der neuen Oberfläche $a'(\Gamma \cdot l_1, \Gamma \cdot l_2, ...) = \Gamma^\alpha \cdot a(l_1, l_2, ...)$. Sind alle Längen skalierbar im Organismus (gilt also Prinzip 3 nicht!), so ergibt sich $\alpha = 2$. Dies ist die zu erwartende Skalierung einer normalen Fläche, wie man leicht an einem Beispiel erkennt: Ein Rechteck mit Kantenlängen $l_1 = 3\,m$ und $l_2 = 2\,m$ hat die Fläche $a(l_1, l_2)$ mit dem Inhalt $l_1 \cdot l_2 = 6\,m^2$. Das Rechteck verneunfacht seinen Flächeninhalt auf $a' = 36\,m^2$, wenn jede Seite dreimal länger wird. Mit $\Gamma = 3$ ist $\Gamma^2 = 9$ und die neue Fläche $a' = \Gamma^2 \cdot a$ neunmal größer als die alte Fläche a. Allgemein bedeutet also $\alpha = 2$ die Skalierung einer Fläche, unabhängig davon, ob a fraktale Struktur hat oder nicht. Ein ähnliches Argument gilt für die typische Längeneinheit eines Organismus $l'(\Gamma \cdot l_1, \Gamma \cdot l_2, ...) = \Gamma^\lambda \cdot l(l_1, l_2, ...)$ mit $\lambda = 1$.

Nehmen wir aber für einen Moment an, Prinzip 3 würde für eine normale Fläche $a(l_1, l_2)$ gelten, also l_1 wäre nicht streckbar. Dann ist

VARIABLE	EUKLID'SCHE SKALIERUNG	BIOLOGISCHE SKALIERUNG
Länge	$L \sim A^{1/2} \sim V^{1/3} \sim M^{1/3}$	$l \sim A^{1/3} \sim v^{1/4} \sim M^{1/4}$
Fläche	$A \sim L^2 \sim V^{2/3} \sim M^{2/3}$	$a \sim l^3 \sim v^{3/4} \sim M^{3/4}$
Volumen	$V \sim L^3 \sim A^{2/3} \sim M^{2/3}$	$v \sim l^4 \sim a^{4/3} \sim M$

Tab. 2: Skalierung von Länge, Fläche und Volumen von biologischen Netzwerkstrukturen im Vergleich zum normalen Euklid'schen Raum. Beziehungen, die die Biomasse M involvieren, implizieren konstante Gewebedichte.

der neue Flächeninhalt $a´ = l_1 \cdot \Gamma \cdot l_2$, also nur dreimal größer als die alte Fläche. Das Skalierungsgesetz $a´ = \Gamma^{\alpha} \cdot a$ hätte dann nicht den gewohnten Exponenten 2 für eine Fläche, sondern $\bar{\alpha} = 1$, wie es einer Länge entspricht.

Mit den Skalenexponenten α und λ für Fläche und Länge kann man die Skalierung des Volumens als $v´ = \Gamma^{\alpha+\lambda} \cdot v$ angeben. Da bei gleichmäßig angenommener Gewebedichte die Körpermasse M proportional zum Volumen v ist, errechnet sich die Abhängigkeit der inneren Oberfläche a von der Körpermasse zu

$$a \sim M^{\frac{\alpha}{\alpha+\lambda}}. \tag{3}$$

Für die normalen Werte unserer dreidimensionalen Welt $\alpha = 2$, $\lambda = 1$ folgt das bekannte (und falsche) Gesetz $a \sim M^{2/3}$. Dies gilt auch, wie erwähnt, wenn es keine skalierungsresistente Größe im Organismus gibt. Biologische Systeme haben aber eine kleinste nicht skalierbare Länge l_m gemäß Prinzip 3, etwa der Durchmesser der Kapillaren. In diesem Fall macht sich die in Prinzip 2 postulierte mögliche fraktale Struktur in a wie in l bemerkbar:

Die Exponenten α und λ haben nicht mehr notwendigerweise ihre Werte der dreidimensionalen Welt. Entsprechend den Gesetzen von **Fraktalen** können sie zwischen 1 und 2 (für λ) und zwischen 2 und 3 S. 87

(für α) liegen. Für den Wert 3 von α würde man von einem volumenfüllenden Fraktal sprechen, analog bedeutet $\alpha = 2$ eine flächenfüllende Linie. Betrachtet man nun Gleichung (3) mit dieser Freiheit der Werte für α und λ, so muss Prinzip 1 herangezogen werden, um die Werte zu bestimmen. Die Fläche a wird maximal, wenn α den maximalen Wert 3 und λ den minimalen Wert 1 annimmt, wie man sich leicht überzeugen kann. Dies führt dann tatsächlich zum dem beobachteten Gesetz $a \sim M^{3/4}$ und ganz allgemein zu Exponenten mit einem Vielfachen von 1/4.

Ferner erfüllt die erhaltene Struktur in nachvollziehbarer Weise Prinzip 1: Die maximale innere Oberfläche bildet ein Fraktal, das volumenfüllend ist, sich also statt wie eine Fläche wie ein Volumen verhält. Die minimalen Transportwege sind normale geometrische Strecken, die nicht durch fraktale Strukturen vergrößert sind, daher $\lambda = 1$. In Tabelle 2 sind die geometrisch euklidschen und die biologisch fraktalen Dimensionen noch einmal gegenübergestellt.

Zusammengefasst bedeutet dies, dass Lebewesen zwar in einem dreidimensionalen Raum agieren, ihre interne Physiologie aber abläuft, als ob sie vierdimensional wären. Hier handelt es sich um Resultate aktueller Forschung, die nicht unumstritten ist.[26] Die Kritik reicht von einem Zweifel an der Interpretation der 1/4-Skalierung durch fraktale biologische Strukturen bis hin zu einer Fundamentalkritik, welche die 1/4-Exponenten der empirisch vorliegenden Daten für nicht signifikant unterschiedlich von 1/3-Exponenten hält.[27] Wer letztlich Recht behält, wird sich zeigen. Wahrscheinlich ist, dass die 1/4-Skalierung »im Prinzip« gilt, aber in vielen Einzelfällen Abweichungen auftreten, die mit genauerer Statistik auch genauer erfasst werden können. Allerdings sollte man sich klar machen, dass auch Newtons Bewegungsgesetze auf der Erde (wegen Reibung und anderer Störeinflüsse) nie exakt gelten, und doch gelten sie als fundamentale Gesetze der Physik.

7 KOMPLEXE QUANTENSYSTEME DER PHYSIK

Bisher hatten wir praktisch ausschließlich makroskopische komplexe Systeme im Visier, zu deren Beschreibung die Newton'schen Gesetze der klassischen Mechanik, die Maxwell'schen Gleichungen der Elektrodynamik und Beziehungen aus der Thermodynamik den Ausgangspunkt bilden. Auch kleine Bestandteile wie Sandkörner oder Staub in granularer Materie verhalten sich wie makroskopische klassische Teilchen; mikroskopische Systeme wie Nanostrukturen, Moleküle, Atome, Kerne oder gar Elementarteilchen sind dagegen 1000- bis 10^n-mal kleiner und gehorchen den Gesetzen der Quantenphysik. Es stellt sich die nahe liegende Frage, ob es auch komplexe Quantensysteme gibt und ob die bisher entwickelten Vorstellungen von Komplexität an der Schwelle zur Quantenphysik ihre Gültigkeit verlieren. Oder wächst der Grad der Komplexität sogar auf Grund von Quantenphänomenen?

Bei oberflächlicher Betrachtung sprechen zunächst einige Argumente gegen komplexes Verhalten in der Quantenphysik. Zum einen ist die Grundgleichung der Quantenmechanik, die Schrödingergleichung, im Gegensatz zu den entsprechenden Gleichungen der klassischen Mechanik, den Newton'schen Bewegungsgleichungen, linear. Sie erlaubt also im strengen Sinn kein Chaos, das wir als einen Pfeiler komplexen Verhaltens kennen gelernt haben. Des Weiteren besitzt die mikroskopische Natur durch ihre Quantelung (wir werden hierauf noch zu sprechen kommen) ein zusätzliches Strukturelement, das zur Regularität beiträgt. Und dennoch findet man komplexe Quantensysteme, und zwar dann, wenn für ein Quantensystem eine große Anzahl von Zuständen relevant ist. Dies ist der Fall für mesoskopische Systeme, also solche, deren Abmessungen weder mikroskopisch noch makroskopisch sind, sondern dazwischen liegen. Komplex verhalten sich auch Atomkerne, Elektronenhüllen von Atomen oder Moleküle, wenn sie hoch angeregt sind und damit eine Vielzahl von Quantenzuständen aktiviert ist.

Eine große Anzahl von Quantenzuständen, oder wie wir sehen werden, gequantelter Energieniveaus, macht eine individuelle Charakterisierung sinnlos. Vielmehr können diese Quantenzustände ein kooperatives Verhalten zeigen, ähnlich den Agenten eines zellulären Automaten. Die dabei hervortretenden Eigenschaften werden durch die spektrale Statistik beschrieben, auf die wir noch eingehen werden. Komplexe Quantensysteme existieren also, und zwar einmal mehr an einer Schnittstelle, diesmal zwischen rein klassischem und rein quantenmechanischem Verhalten.

Um dies besser zu verstehen, muss man sich zunächst darüber klar werden, worin sich klassische Systeme von Quantensystemen unterscheiden. Ein wichtiger Unterschied betrifft das Element des Zufalls. Unvorhersagbarkeit und Statistik waren uns bisher auf zweierlei Weise begegnet:

Zunächst in Kapitel 2 in Form deterministisch chaotischer Dynamik einzelner Teilchen auf Grund von Nichtlinearität. Trotz deterministischer Gesetze ist chaotische Bewegung praktisch nicht auf lange Zeiten vorauszusagen, da kleinste Abweichungen in den Anfangsbedingungen sich extrem schnell vergrößern.

Zweitens ist in komplexen Vielteilchensystemen Zufall und Unvorhersagbarkeit Folge des Zusammenspiels der vielen Bestandteile (Zellen, Körner, Lebewesen), was sich z. B. in kritischem Verhalten und **S.102** *1/f*-**Rauschen** äußert. Quantensysteme tragen nun darüber hinaus inhärent statistische Züge. Die Gesetze der Quantenmechanik, der fundamentalen Theorie für Quantensysteme, sind zwar selbst streng deterministisch, machen aber nur Aussagen über Wahrscheinlichkeiten. Entsprechend sind Vorhersagen der Quantenmechanik über den Ausgang einer Messung stets nur statistischer Natur. Man kann z. B. nur die Wahrscheinlichkeit dafür angeben, ein Elektron bei einer

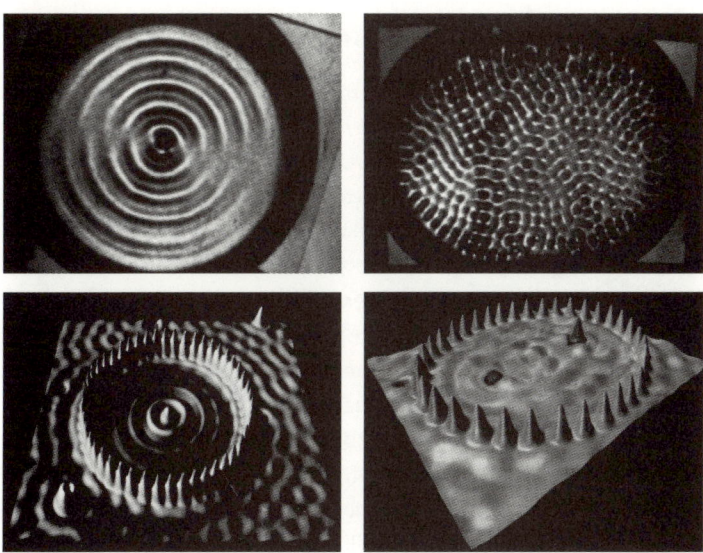

Abb. 21: Stehende Wasserwellen (oben) und Elektronenwellen (unten) in einer kreisförmigen (links) und einer stadionförmigen (rechts) Begrenzung.

Messung an einem bestimmten Ort zu beobachten. Die Heisenberg'-sche Unschärferelation, die besagt, dass man von einem Quanten-objekt grundsätzlich nicht gleichzeitig Ort und Geschwindigkeit prä-zise messen kann, verbietet damit prinzipiell die genaue Festlegung oder Bestimmung der Anfangsbedingung für Ort und Geschwindig-keit. Dieses Quantenobjekten innewohnende zusätzliche Element des Zufalls lässt Quantenphänomene komplizierter erscheinen, schon allein dadurch, dass sie sich unserer durch die klassische Welt um uns herum geschulten Intuition entziehen. Quantensysteme werden da-durch aber nicht zwangsläufig komplexer als ihre klassischen Part-ner, unter anderem deshalb – worauf wir oben schon hinwiesen, weil die Grundgleichung der Quantenphysik, die Schrödingergleichung, linear ist.

Wellen- und Quantenphänomene

Weitere klassische Vorstellungen müssen in der Quantenphysik revidiert werden: Der Begriff des Teilchens kann nicht aufrechterhalten werden. Stattdessen werden Quantenobjekte wie Elektronen durch Wellen beschrieben, deren Amplituden ein Maß für die Wahrscheinlichkeit sind, das Objekt (Elektron) an einem bestimmten Ort zu finden, und die Phänomene wie z. B. Beugung und Interferenz zeigen, die man von Licht und Wasserwellen her kennt.

Die Abbildung 21 zeigt im oberen Teil Fotos von Wasserwellen in zwei flachen Glasbecken. Das Gefäß links besitzt einen kreisförmigen Rand; die Berandung des rechten Gefäßes hat die Form eines Fußballstadions, bestehend aus zwei Halbkreisen, die durch gerade Stücke miteinander verbunden sind. Die Wasserwellen werden durch schnelle Auf- und Abbewegung der Gefäße erzeugt. Durch Überlagerung (Interferenz) der an der Berandung reflektierten Wellen bilden sich stehende Wasserwellen aus, deren räumliche Struktur von der Form des Randes abhängt, wie der Vergleich der Fotos zeigt.

Vor wenigen Jahren ist es dank der Fortschritte in der Nanotechnologie gelungen, entsprechende Experimente auch für Elektronenwellen durchzuführen und damit die Wellennatur von Elektronen direkt zu visualisieren.[29] Mit Hilfe der Spitze eines so genannten Rastertunnelmikroskops wurden in einem ersten Schritt einzelne Eisenatome auf einer Kupferoberfläche verschoben und mit atomarer Genauigkeit so positioniert, dass sie wie auf einer Perlenkette aufgereiht eine kreisförmige (Abb. 21, unten links) und stadionförmige (Abb. 21, unten rechts) Begrenzung bilden. Freie Elektronen an der Kupferoberfläche werden dadurch innerhalb dieser künstlichen Käfige (»quantum cor-

Abb. 22: Paradebeispiele elektronischer Bauelemente vom Millimeterbereich (Transistor) über den Mikrometerbereich (Halbleitermikrostruktur) bis hin zu atomaren Skalen (Einzelatome als leitende Brücken). Der Strom durch Mikro- und Nanostrukturen weist Quantenfluktuationen auf (unten Mitte und rechts).

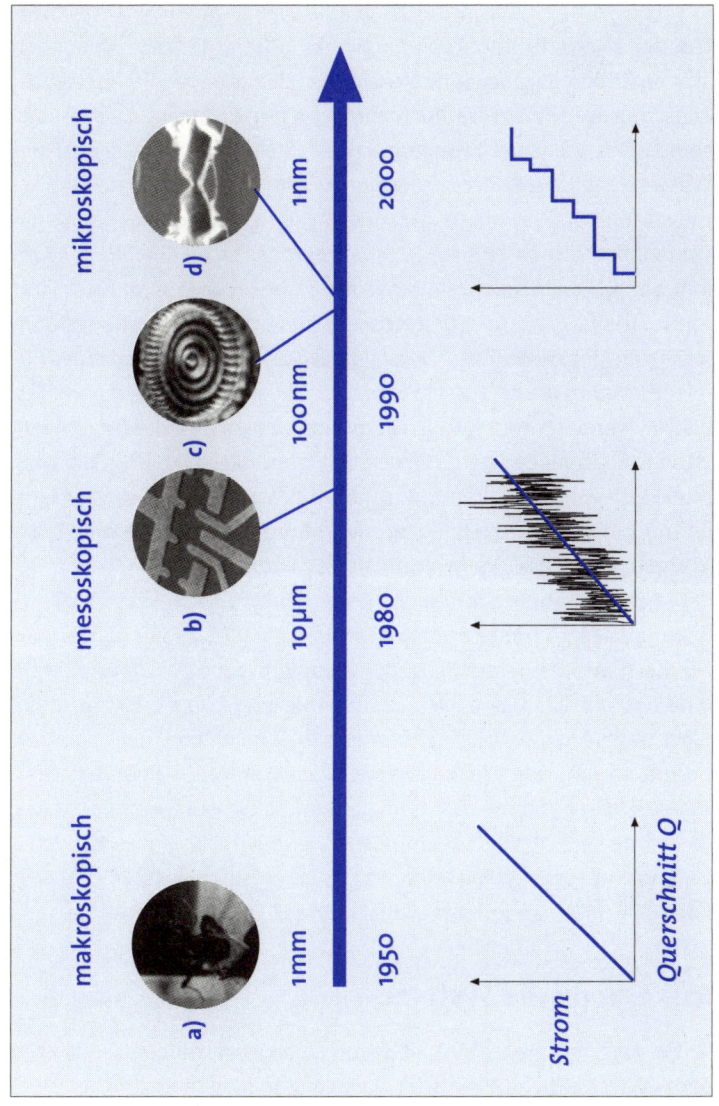

rals«) eingesperrt und bilden stehende Wellen aus, wie die konzentrischen Ringe in der Abbildung links unten, die den stehenden Wasserwellen darüber sehr ähneln. Die Elektronenwelle im Stadion weist dagegen eine wesentlich unregelmäßigere Struktur als die entsprechende Welle der Kreisgeometrie auf, erneut in Analogie zu den Wasserwellen. Die Elektronenwellen wurden mit einem Rastertunnelmikroskop aufgenommen, welches über den quantenmechanischen Tunneleffekt durch Abrastern der Kupferoberfläche ein Bild der Aufenthaltswahrscheinlichkeit des Elektrons an jedem Punkt der Kavität misst. Dieses Schlüsselexperiment liefert den bisher wohl direktesten Nachweis der Wellennatur von Quantenobjekten wie Elektronen.

Eine weitere grundlegende Eigenschaft von Quantensystemen ist, wie der Name schon sagt, die Quantelung physikalischer Größen wie z. B. der Energie. Die gemessenen Spektren der Strahlung von Atomen sind nicht kontinuierlich, sondern bestehen aus diskreten Linien mit bestimmten Frequenzen. Sie rühren daher, dass ein Elektron in einem Atom von einem quantisierten Energieniveau auf ein anderes übergeht (der berühmte Quantensprung) und die frei werdende Energie in Form von Licht fester Frequenz abgibt. Die genaue quantenmechanische Berechnung der Energieniveaus der Elektronen in einem Atom kann zwar sehr aufwendig und kompliziert sein, die Elektronen ordnen sich aber zumeist in Schalen um den Atomkern herum an, und die entsprechenden Energieniveaus lassen sich im Allgemeinen ordnen und klassifizieren. Insofern entsprechen Atome, sofern sie nicht gezielt manipuliert werden, nicht unserer Vorstellung von komplexen Systemen, auch wenn sie aus vielen mit dem Kern und miteinander wechselwirkenden Elektronen bestehen.

Mesoskopische Systeme

Wir wollen komplexes Verhalten von Quantensystemen am Beispiel von elektronischen Mikrostrukturen verständlich machen. Die Abbildung 22 zeigt Paradebeispiele künstlicher Elektronenleiter ganz unterschiedlicher Größe: Links der makroskopische Transistor (Größenordnung ein Millimeter), daneben ein Beispiel einer etwa einen μm (ein Tausendstel Millimeter) großen Halbleitermikrostruktur (b) und die schon erwähnten »quantum corrals« (c) mit einer Ausdehnung von wenigen nm (Millionstel Millimeter). Ganz rechts (d) ist ein atomarer Punktkontakt dargestellt. Diese allerkleinsten, erst seit wenigen Jahren in Grundlagenexperimenten realisierbaren Leiter bestehen aus einzelnen oder wenigen Molekülen oder Atomen, die eine leitende Brücke zwischen zwei Elektroden bilden.

Im unteren Teil der Abbildung 22 ist schematisch dargestellt, wie sich der Strom (bei fester angelegter Spannung) ändert, wenn der Querschnitt Q des jeweiligen Leiters verändert wird. Der lineare Anstieg des Stroms (links unten) für ein makroskopisches elektronisches Bauelement wie dem Transistor entspricht dem Ohm'schen Gesetz der klassischen Elektrizitätslehre. Der Strom durch Nano-Leiter, die nur eine oder wenige Atomlagen dick sind, zeigt dagegen charakteristische Stufen (Abb. 22, rechts unten). Diese Sprünge markieren Quanteneffekte im Strom. Das Ohm'sche Gesetz versagt für quantisierten Strom durch atomare ›Drähte‹! Jeder Sprung resultiert daher, dass zusätzliche diskrete Energieniveaus mit Elektronen, die zum Strom beitragen, besetzt werden. Die Ausnutzung derartiger Quanteneffekte in Computern der fernen Zukunft ist eine der Visionen der molekularen Elektronik.

Der in Hinblick auf Komplexität in Quantensystemen interessante Bereich liegt gerade im Regime zwischen den den Gesetzen der klassischen Physik gehorchenden makroskopischen Systemen und den atomaren, mikroskopischen Strukturen. Diesen Zwischenbereich nennt man auch mesoskopisches Regime. Misst man bei sehr tiefen Temperaturen den Strom durch ein mesoskopisches System wie der in Abbildung 22b dargestellten Halbleiterstruktur, so ergeben sich, wie in der Mitte darunter abgebildet, stark fluktuierende Stromkur-

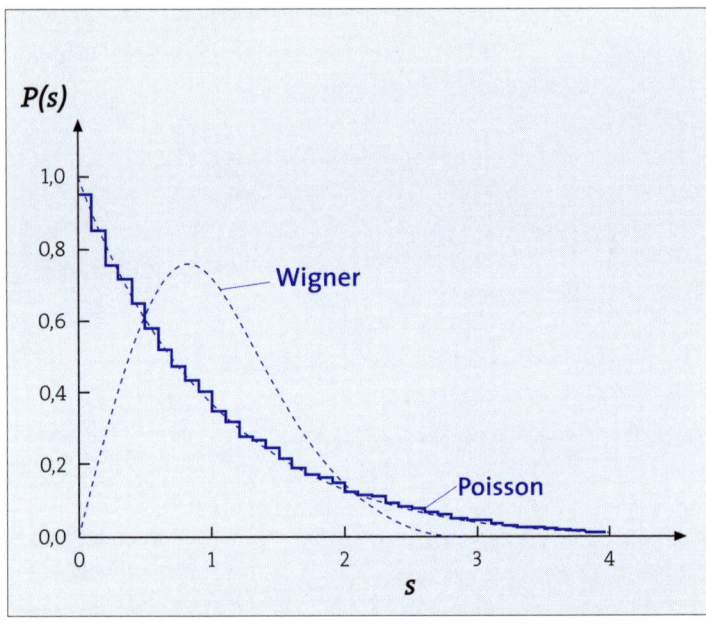

Abb. 23, links: Histogramm der Energieniveauabstände eines regulären Billards.

ven, die jede Ordnung vermissen lassen. Die irregulären Sprünge sind erneut quantenmechanischen Ursprungs, während der mittlere lineare Anstieg des Stroms (blaue Linie) dem Ohm'schen Gesetz gehorcht. Mesoskopische Systeme weisen demnach sowohl klassische als auch quantenmechanische Züge auf.

In der erwähnten mesoskopischen Halbleiterstruktur (Abbildung 22b) sammeln sich Elektronen an der Grenzschicht zwischen zwei verschiedenen Halbleitermaterialien. Dieses zweidimensionale Elektronengas lässt sich durch negativ geladene Elektroden, die hellen Bereiche in Abbildung 22b, die wie reflektierende äußere Potentialwände wirken, weiter räumlich einschränken. Die Geometrie der Berandung kann in einem solchen ›Designeratom‹ fast beliebig ge-

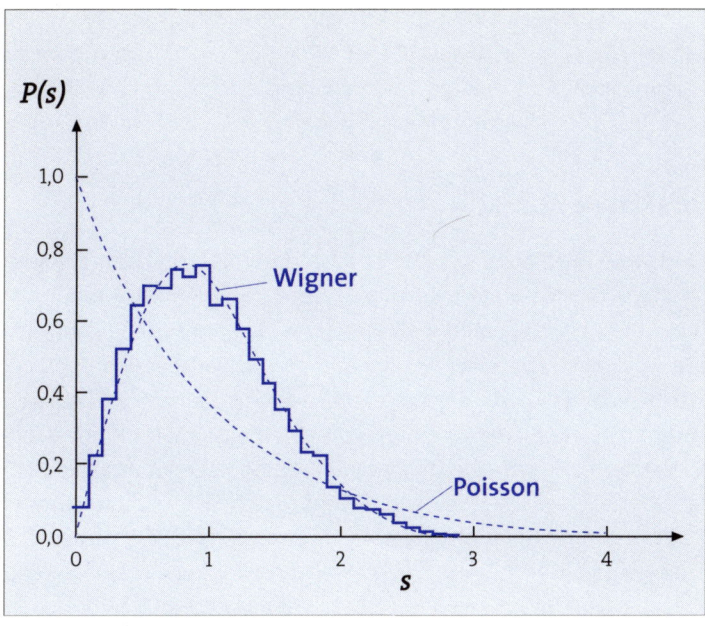

Abb. 23, rechts: Histogramm der Energieniveauabstände eines chaotischen Billards.

staltet werden. Aufgrund der elektrostatischen Abstoßung bewegen sich die Elektronen dann in einer künstlichen Potentiallandschaft. Somit ist es heutzutage möglich, eine definierte Anzahl von Elektronen in einen kleinen, praktisch punktförmigen Raumbereich einzusperren und zu untersuchen. Derartige ›Quantenpunkte‹ weisen, wenn sie nahezu abgeschlossen sind, ein diskretes Energiespektrum auf und werden deshalb auch oft als »künstliche« Atome bezeichnet: Das attraktive Kernpotential, das die Elektronen in einem »natürlichen« Atom bindet, wird in einem Quantenpunkt durch das maßgeschneiderte repulsive Potential der äußeren Elektroden ersetzt. Die Quantenfluktuationen im Strom durch die Halbleiter-Mikrostruktur spiegeln das Verhalten einer großen Zahl dieser diskreten Energieniveaus der eingesperrten Elektronen wider. Die Energieniveaus lassen sich im Allgemeinen nicht mehr wie in einem natürlichen Atom klassifizieren. Eine nähere Untersuchung der Stromfluktuationen bzw. der Energieniveaus erfordert daher eine statistische Analyse.

Spektrale Statistik

Geeignete Methoden zur statistischen Interpretation von Energiespektren wurden ursprünglich in den 60er Jahren in der Kernphysik entwickelt. Damals stand man vor der Aufgabe, eine große Zahl ähnlich komplex erscheinender Energiespektren auszuwerten. Dabei stellte sich heraus, dass sich mit Hilfe von Energieniveau-Abstandsverteilungen Spektren verschiedenster Systeme klassifizieren lassen. Die Idee ist einfach: Man zählt alle diskreten Energieniveaus durch, bestimmt jeweils die Energiedifferenz zwischen zwei aufeinander folgenden Niveaus und teilt noch durch den mittleren Abstand Δ aller Energieniveaus: $s = (E_{n+1} - E_n)/\Delta$. Dann zählt man, wie viele Paare benachbarter Niveaus einen bestimmten Abstand s haben, und trägt die Häufigkeitsverteilung der Abstände als Histogramm über s auf. Die Abbildung 23 zeigt zwei exemplarische, auf diese Weise gewonnene Energieabstandsverteilungen, und zwar für die Energieniveaus einer Mikrostruktur mit kreisförmiger (links) und deformierter (rechts) Berandung.

Für die Kreisstruktur ist die Wahrscheinlichkeit dafür, dass benachbarte Energieniveaus eng nebeneinander liegen, besonders hoch und fällt exponentiell ab. Dagegen haben benachbarte Energiewerte in der Abbildung rechts die Tendenz, sich abzustoßen, hier liegt der wahrscheinlichste Abstand etwa bei $s = 1$, und es gibt nur wenige Paare von Niveaus mit sehr kleinem Abstand. Es zeigt sich, dass das linke Histogramm sehr gut mit der gestrichelt dargestellten Poisson-Kurve $P(s) = e^{-s}$ übereinstimmt, während die Energieniveauverteilung rechts einer so genannten Wignerverteilung entspricht.

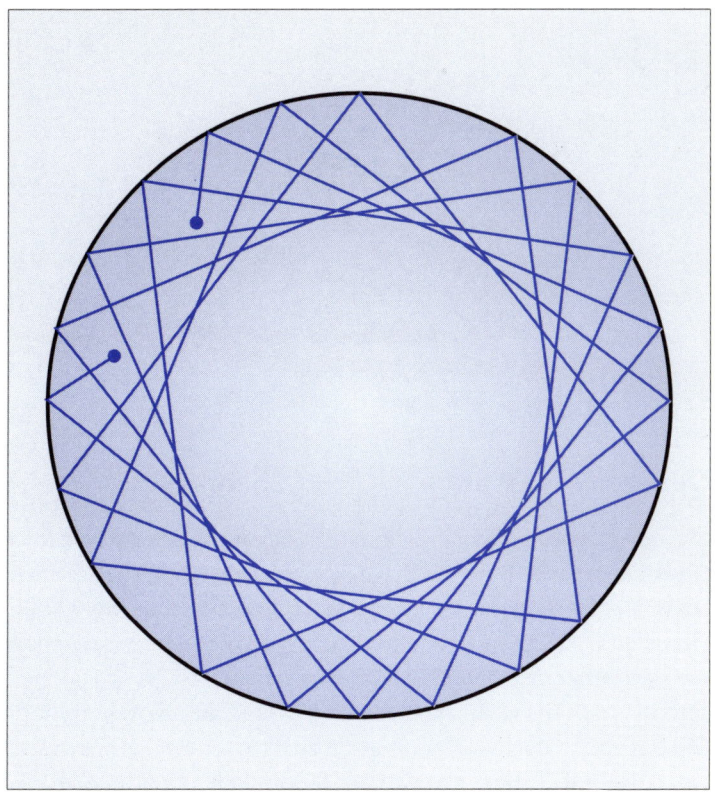

Abb. 24: Teilchenbahn in einem Kreisbillard.

Diese Wignerverteilung der Energieniveaus findet man nicht nur für Elektronen in Mikrostrukturen, sondern auch für die Spektren von Atomkernen, hoch angeregten Atomen und Molekülen. Quantensysteme aus verschiedensten Disziplinen der Physik mit Energien im Bereich von MeV (1 000 000 eV) bis meV (0,001 eV) zeigen genau die gleiche Energieniveaustatistik; ein beeindruckendes Beispiel von Universalität in der Quantenphysik!

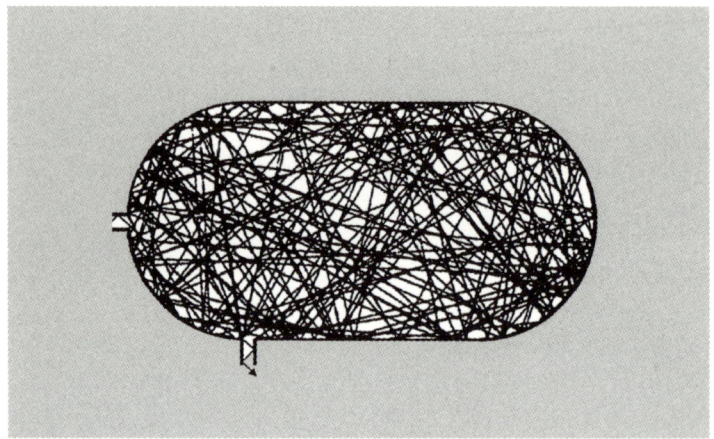

Quantenphysik am Rande des Chaos

Was ist das verbindende Element dieser denkbar verschiedenen Quantensysteme? Dazu rufen wir uns ins Gedächtnis, dass die mesoskopischen Systeme im Übergangsregime zwischen klassischer Physik und Quantenphysik angesiedelt sind. Wir werden daher nun die klassischen Aspekte dieser Systeme beleuchten. In hoch reinen mesoskopischen Halbleiterstrukturen wird die Bewegung der Elektronen nur durch Reflexion an den begrenzenden Potentialwänden bestimmt. In einem klassischen Billardmodell einer Mikrostruktur stellen wir uns vor, dass sich die Elektronen wie Billardkugeln im Inneren eines geschlossenen Kastens mit vollständig reflektierenden Wänden kräftefrei bewegen. Dieses einfache Bild eines Elektronenbillards kommt der experimentellen Realität in vielem erstaunlich nahe. Man spricht auch von ballistischen Elektronen.

Die klassische Bewegung der Teilchen im Billard hängt essentiell von der Geometrie des Randes ab. In einem kreisförmigen Billard (Abb. 24) bewegen sich Teilchen auf regulären Bahnen; Fehler in den Anfangsbedingungen für Ort und Geschwindigkeit wachsen mit

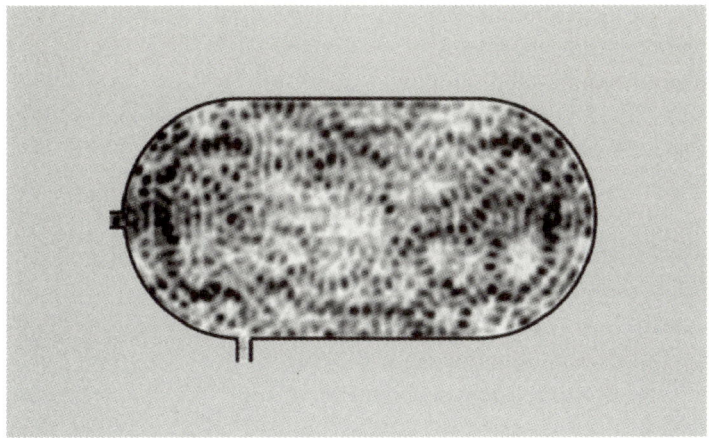

Abb. 25: Klassische Teilchenbahn (linke Seite) und stehende Wahrscheinlichkeits-welle (oben) in einem Stadionbillard.

zunehmender Bahnlänge nur langsam (linear) an. Die klassische Dynamik ändert sich dagegen grundlegend in einem Stadionbillard (Abb. 25, links). Die Abbildung zeigt eine einzige lange, irregulär erscheinende Trajektorie. Anfängliche Ungenauigkeiten wachsen exponentiell schnell an; die Bewegung ist chaotisch. Geordnete und chaotische klassische Dynamik spiegelt sich in der Struktur der korrespondierenden stehenden Wellen in den Billardgeometrien wider. Die Abbildung 25 (rechts) zeigt eine stehende Welle (das Ergebnis einer quantenmechanischen Rechnung) für das analoge Quantenbillard. Die dunklen Gebiete markieren Bereiche großer Aufenthaltswahrscheinlichkeit. Ähnlich wie die stehenden Wasser- und Elektronenwellen in Abbildung 21 (rechts) erscheint das Wellenmuster unstrukturiert. Demgegenüber entsprechen den regulären stabilen Bahnen im Kreisbillard der Abbildung 24 die konzentrischen Wellen im linken Teil der Abbildung 21. Auch wenn man einzelne klassische Trajektorien nicht direkt mit Wellen identifizieren kann, so scheint doch zumindest qualitativ eine Korrespondenz zwischen regulärer und chaotischer Dynamik in der klassischen Physik einerseits und den entsprechenden Strukturen der Wellen in der Quantenphysik andererseits zu existieren. Deterministisches Chaos ist zwar ein rein klassisches Phänomen; es hinterlässt jedoch Fingerabdrücke im korrespondierenden Quantensystem, wenn man den Übergang von der klassischen zur Quantenmechanik macht.

Klassisches Chaos manifestiert sich nicht nur in der räumlichen Struktur der Elektronenwellen, sondern auch in der Energieniveaustatistik. Man kann zeigen, dass die Abstandsverteilung von Quantensystemen, deren klassisches Gegenstück stabile, reguläre Dynamik aufweist, der Poissonverteilung genügt (Abb. 23, links). Die Wignerverteilung der Energieniveaustatistik (Abb. 23, rechts) folgt aus Annahmen der ursprünglich für die Kernphysik entwickelten, so genannten Zufallsmatrixtheorie. Es hat sich herausgestellt und ist durch eine große Zahl von Messungen und numerischen quantenmechanischen Berechnungen von Spektren bisher stets bestätigt worden, dass die Verteilung der Abstände benachbarter quantisierter Energieniveaus immer dann einer Wignerverteilung folgt, wenn die Bewegung im korrespondierenden klassischen System chaotisch ist. Damit ist eine entsprechende Vermutung von Bohigas, Giannoni und Schmid aus der Mitte der 8oer Jahre zwar untermauert, ein wirklicher Beweis für dieses bemerkenswerte universelle Verhalten chaotischer Quantensysteme steht aber trotz intensiver Bemühungen immer noch aus und ist ein Hauptgegenstand der Theorie des Quantenchaos. Er erfordert ein noch tieferes Verständnis des inneren Zusammenhangs zwischen der klassischen Mechanik und der Quantenphysik, der uns bis heute verborgen ist. So genannte semiklassische Methoden könnten hier die Brücke bilden.[31, 32]

Die Niveauabstandsverteilungen sind ein sehr geeignetes praktisches Diagnoseinstrument, um auf einfache Weise reguläre und chaotische Quantensysteme zu unterscheiden. Stadion- und Kreisbillard stehen hier für die Extreme einer chaotischen und regulären klassischen Dynamik. Typische komplexe Quantensysteme in der Natur liegen meistens zwischen diesen beiden Extremen. Die klassisch-quantenmechanische Korrespondenz für derartige Systeme mit ko-existierenden regulären und chaotischen Bereichen ist bis heute nur sehr unvollständig verstanden und Gegenstand der aktuellen Quantenchaosforschung.

Mesoskopische Systeme im Grenzbereich zwischen Mikro- und Makrophysik reflektieren in ihren Eigenschaften die Verknüpfung von Wellen- und Teilchencharakter, sind gewissermaßen Grenzgänger zwischen klassischer Welt und Quantenwelt. Sie verbinden dadurch klassisches Chaos mit den stärkeren Ordnungsprinzipien der Quantenmechanik. Auch in diesem Sinne entsprechen sie als Quantensysteme am Rande des Chaos unserer Vorstellung von komplexen Systemen. Die elektronischen Mikrostrukturen und Quantenbillards stellen nur eine Beispielklasse komplexer Quantensysteme dar. Weitere Beispiele umfassen hoch angeregte (planetarische) Atome, komplexe Vielteilchensysteme der Kern- und Festkörperphysik, bis hin zu mikrooptischen und Mikrowellen-Kavitäten. Die beschriebenen Wellenphänomene müssen nicht nur auf kleine Systeme begrenzt sein. Auch die Ausbreitung von Schallwellen in einem Konzertsaal mit absorbierenden und streuenden Strukturen oder Probleme aus der Seismologie wie die komplizierte Dynamik von Erdbebenwellen (beispielsweise im Tal von Mexiko-Stadt) repräsentieren komplexe Wellenphänomene.

Wir sehen also, dass komplexe Quantenphänomene über die Grenzen traditioneller Gebiete der Physik wie Kern-, Atom-, Molekül- oder Festkörperphysik hinweg existieren und diese verknüpfen. Die Erklärung dieser Phänomene erfordert neue theoretische Konzepte, eine ›postmoderne Quantentheorie‹, die Methoden kohärenter Quanten- oder Wellenmechanik mit statistischen Annahmen und Verfahren der nichtlinearen klassischen Physik verbindet.

VERTIEFUNGEN

Potenzgesetze

S. 87

S. 98

S. 102

Im Bereich komplexer Phänomene spielt die Selbstähnlichkeit eine große Rolle. Sie findet ihren quantitativen Ausdruck in der Skaleninvarianz von **Fraktalen**, des Ordungsparameters bei **Phasenübergängen**, oder des **Eins-über-f-Rauschens**. Aber auch viele emergente komplexe Phänomene folgen (empirischen) Skalengesetzen.

Mathematisch manifestiert sich Skaleninvarianz in der Beschreibbarkeit durch Potenzgesetze. Ein (homogenes) Potenzgesetz hat die Form

$$f(x) = a \cdot x^{\gamma} . \tag{4}$$

Multipliziert man x mit einem Faktor c, also $x \rightarrow c \cdot x$, ändert man die Skala (den Maßstab). In diesem Fall reproduziert sich das Potenzgesetz bis auf einen Faktor selbst: $f(c \cdot x) = \bar{a} \cdot x^{\gamma}$ mit der neuen Konstante $\bar{a} = a \cdot c^{\gamma}$. Dies ist die Skaleninvarianz. Bildet man auf beiden Seiten der Gleichung (4) den Logarithmus, so erhält man

$$log \, f(x) = log(a \cdot x^{\gamma}) = log \, a + \gamma \cdot log \, x . \tag{5}$$

Daraus folgt, dass bei doppelt logarithmischer Auftragung $log \, f(x)$ gegen $log \, x$ eine Gerade mit Steigung γ entsteht. Diese Steigung ist die entscheidende Größe eines Potenz- oder Skalengesetzes. Die tatsächliche absolute Skala, ausgedrückt durch die Konstante $log \, a$ in Gleichung (5), ist von untergeordneter Bedeutung.

Eine Gerade wie das Gutenberg-Richter-Gesetz in Abbildung 18 ist also Ausdruck eines Potenzgesetzes. Mit der Metabolismusrate sind wir Potenzgesetzen auch schon innerhalb des komplexen Verhaltens in der Biologie begegnet. Dies sind nur wenige Beispiele für das allgegenwärtige Verhalten von beobachtbaren Größen gemäß Potenzgesetzen. Ein weiteres überraschendes Beispiel für Potenzgesetze in

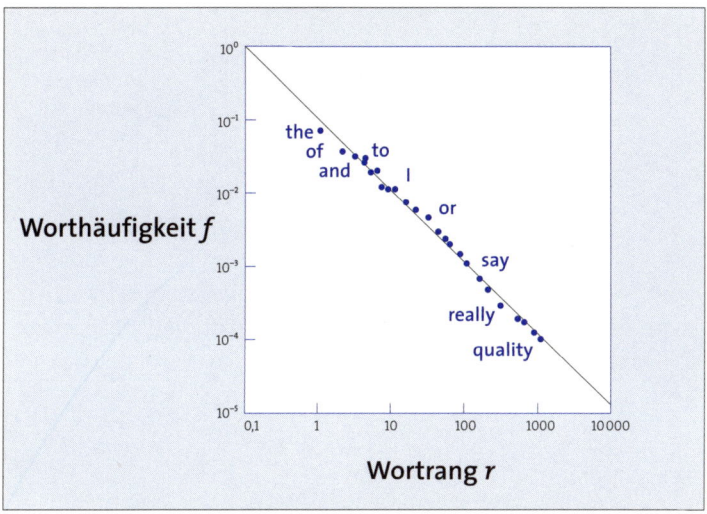

Abbildung 26: Häufigkeitsverteilung der Wörter in einem englischen Text.

den Geisteswissenschaften ist das Zipf'sche Gesetz, das für viele natürliche Sprachen gilt. Der Amerikaner George Kingsley Zipf (1902–1950) stellte mit ihm 1949 kurz vor seinem Tod einen Zusammenhang zwischen dem Rang eines Wortes und seiner Häufigkeit her.[45] Der Rang r eines Wortes wird ermittelt, indem man alle verschiedenen Wörter eines Textes geordnet nach der Häufigkeit f ihres Vorkommens der Reihe nach anordnet. Dabei hat das häufigste Wort Rang $r = 1$, das seltenste Wort den höchsten Rang. Dann besagt das Zipf'sche Gesetz, dass die Häufigkeit $f(r)$ umgekehrt proportional zum Rang r ist, also $f \sim 1/r$. Als Potenzgesetz logarithmisch dargestellt ergibt sich eine Gerade mit Steigung $\gamma = -1$, wie in Abbildung 26 zu sehen. Mit dem Zipf'schen Gesetz kann man z. B. abschätzen, wieviel Prozent eines Textes die zehn häufigsten Wörter ausmachen. Man erwartet, dass dies bei einem wortgewaltigen Schriftsteller sehr viel weniger ist als bei einer Person mit durchschnittlicher Sprachgewandtheit.

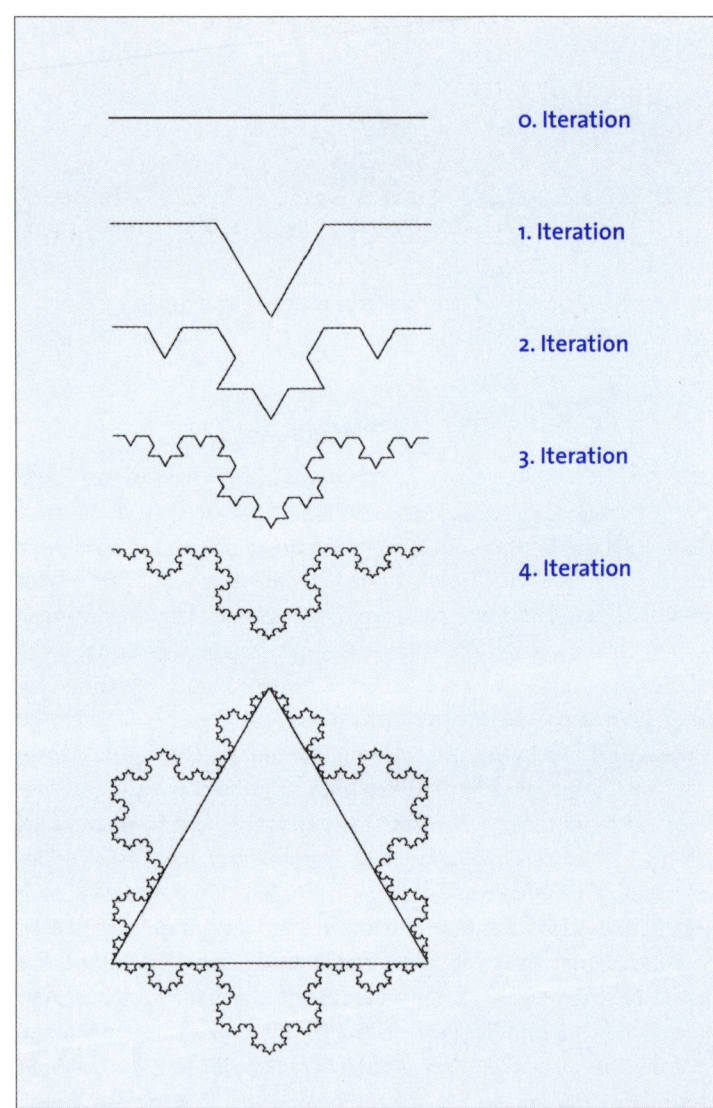

o. Iteration

1. Iteration

2. Iteration

3. Iteration

4. Iteration

Billigt man einem Schriftsteller 100 000 Wörter Aktivwortschatz zu, so machen die 10 häufigsten Worte ca. 24% eines von ihm verfassten Textes aus. Ein durchschnittlicher Aktivwortschatz von 10 000 Wörtern erhöht aber nach dem Zipf'schen Gesetz den Prozentsatz der 10 häufigsten Wörter nur geringfügig auf 30%. [35] Zumindest quantitativ führt also die zusätzliche Kenntnis (und Verwendung) von 90 000 Wörtern nur zu einer wenig größeren Variabilität in der Sprache. Es wäre interessant zu wissen, wie der Leser subjektiv den Unterschied zweier Texte mit den oben beschriebenen Charakteristika empfinden würde.

Fraktale

Selbstähnlichkeit und damit verbundene Wiederholung von Formelementen auf verschiedenen Skalen führt fast zwangsläufig zu einer fraktalen Struktur. Das bedeutet zum Beispiel, für **Fraktale in der Natur**, dass eine Küstenlinie derart viele Ecken und Kanten hat, dass ihre Länge *de facto* nicht mehr als Länge gemessen werden kann, sondern schon mehr zu einer Fläche tendiert. Dafür hat Mandelbrot den Begriff ›Fraktal‹ geprägt, um einerseits dieser gebrochenen Struktur der Objekte gerecht zu werden und um andererseits anzudeuten, dass sie keine ganzzahlige Dimension haben, im Gegensatz zu einer gewöhnlichen Linie ($D=1$), einer Fläche ($D=2$) oder einem Volumen ($D=3$). Die genaue Bestimmung der Dimension geschieht mit einer Erweiterung des Dimensionsbegriffes auf **gebrochene Dimensionen**.

S. 93

S. 88

   Durch Iteration kann man leicht selbst auf dem Computer fraktale Gebilde erzeugen, zum Beispiel eine fraktale Schneeflocke, wie Helge von Koch sie bereits 1904 vorschlug. Sie ist in Abbildung 27 zu sehen. Dabei gibt die Grundlinie der 0. Iteration den so genannten ›Initia-

Abb. 27: Die Erzeugung einer fraktalen Schneeflocke nach Koch.

tor‹ vor. Für die richtige Schneeflocke (unten in Abb. 27) ist der Initiator ein gleichseitiges Dreieck. Die 1. Iteration bildet den Generator. In unserem Falle lautet die Vorschrift: nimm das mittlere Drittel des Generators heraus und ersetze es durch zwei Schenkel eines gleichseitigen Dreiecks, das dieselbe Kantenlänge hat wie das herausgenommene Stück.

In der 2. Iteration wendet man nun die Vorschrift auf jedes gerade Stück der Figur der ersten Generation an, analog für die höheren Iterationen. Es entsteht eine unendlich fein unterteilte Linie, deren Länge nicht mit einem normalen Maßstab gemessen werden kann. Vielmehr hat diese Linie eine gebrochene Dimension, die größer als 1 ist.

Die gebrochene Dimension von Fraktalen und ihre Messung

Die Länge einer Linie kann man mit verschiedenen Maßstäben bestimmen. Nimmt man beispielsweise als Ausgangsmaßstab s die Länge L der Linie selbst, so gilt $L = s$. Halbiert man nun den Maßstab auf $s_1 = s/2$, so folgt $L = 2 \cdot s_1$. Ganz allgemein wird $L = n \cdot s_n$ gelten, wenn der Maßstab $s_n = s/n$ mit wachsendem n immer kleiner wird. Eine ähnliche Messung an einer fraktalen Linie scheitert, da die fraktale Linie immer unendlich lang ist. Um die fraktalen, unendlich langen Linien dennoch messen zu können, führt man einen Exponenten D_H ein, der so gewählt ist, dass für ein fraktales Objekt

$$n \cdot s_n^{D_H} \qquad (6)$$

endlich bleibt (aber auch nicht null wird!), wenn der Maßstab s_n mit wachsendem n immer kleiner wird. Dies ist wieder ein Beispiel für die typische Situation einer Grenze, die man im Umfeld komplexer Phänomene so oft findet. Für eine normale nichtfraktale Linie ist $D_H = 1$ wie gewohnt. Der Index H in D_H deutet an, dass die fraktale

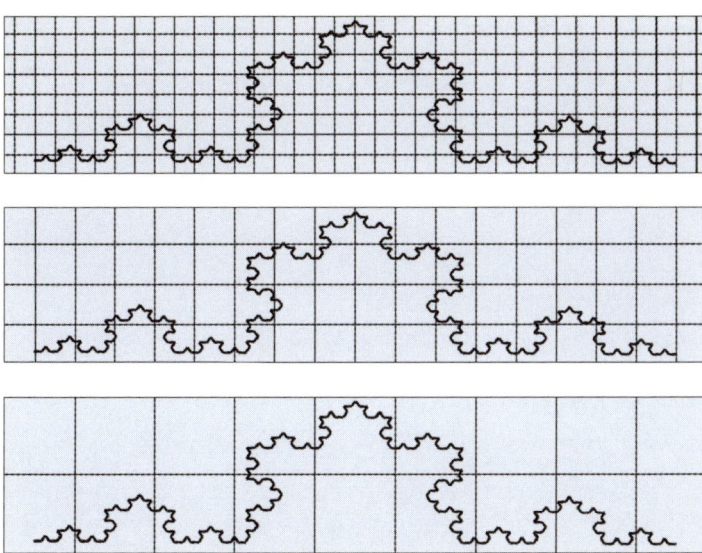

Abb. 28: Bestimmung der gebrochenen Dimension der Koch'schen Kurve durch die Anzahl von Kästchen, die nötig sind, die Kurve zu überdecken.

Dimension nach dem Mathematiker Hausdorff auch Hausdorff-Dimension genannt wird.

Praktisch lässt sich die Dimension einer fraktalen Linie durch die Überdeckung mit Kästchen der Kantenlänge s_n bestimmen, wie im Folgenden an der 4. Iteration der Koch'schen Schneeflocke illustriert wird (Abb. 28). Wir fragen, wie viele Kästchen einer bestimmten Länge s_n nötig sind, um die fraktale Kurve vollständig zu bedecken.[1] Wir beginnen mit den groben Kästchen mit der Grundlänge s, von denen 11 zur Überdeckung der Kurve nötig sind. In der nächsten Stufe halbieren wir die Kästchenlänge auf $s/2$ und stellen fest, dass wir 27 Kästchen brauchen. Schließlich überdecken 65 Kästchen der Länge $s/4$ die Kurve. Trägt man nun die Anzahl n der benötigten Kästchen logarithmisch gegen die Kästchenlänge s_n auf, so gibt die negative

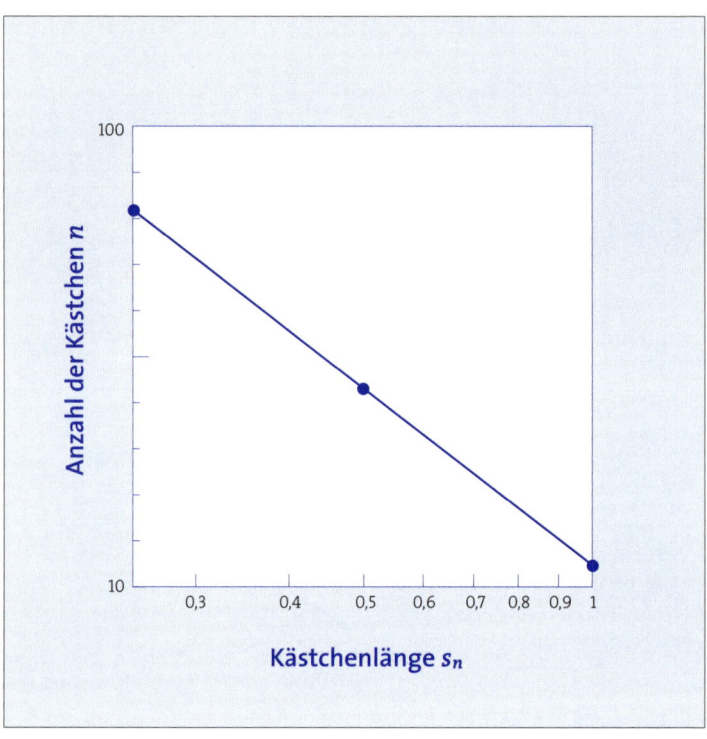

Abb. 29: Anzahl n der benötigten Kästchen der Länge s_n, um die Koch'sche Kurve in Abbildung 28 zu überdecken. In der logarithmischen Auftragung gibt die Steigung der Kurve die gebrochene Dimension an, $D_H = 1{,}26$.

Steigung der Kurve die gebrochene Dimension an, denn aus dem Ausdruck (6) ergibt sich: $\ln n = -D_H \ln s_n + c$, wobei c eine (irrelevante) Konstante ist (**Potenzgesetze**). Dies ist in Abbildung 29 zu sehen, woraus wir entnehmen, dass die Koch'sche Schneeflocke eine Dimension von D_H von $1{,}26 = \ln 4 / \ln 3$ hat. Umgekehrt bleibt genau mit diesem Wert von D_H das Produkt $n \cdot s_n^{D_H}$ endlich, wie in der Definition für D_H gefordert. Zunächst können wir uns mit der Konstruktionsvorschrift der Koch'schen Kurve leicht vergewissern, dass es sich um

S. 84

eine unendlich lange Linie handelt. Nehmen wir als Maßstab die Länge s des Generators der 0. Iteration. Die Länge der Kurve ist $L = 1 \cdot s$. In der 1. Iteration verkleinern wir den Maßstab um den Faktor 3, das heißt $s_2 = s/3$. Die Kurve besteht nun aus $L = 4 \cdot s_2 = 4 \cdot s/3 = s \cdot 4/3$. Die 2. Iteration verkleinert den Maßstab wiederum um einen Faktor 3, $s_3 = s_2/3$ oder $s_3 = s/3^2$. Nun ist die Kurve $L = 16 \cdot s_3 = 4^2 \cdot s/3^2 = s \cdot (4/3)^2$ lang. Man kann sich leicht überlegen, dass die Kurve in der n-ten Iteration eine Länge $L = 4^n \cdot s/3^n$ besitzt, oder umgeschrieben $L = s \cdot (4/3)^n$. Da $4/3 = 1{,}333\ldots$ größer als 1 ist, wächst diese Länge mit zunehmenden Iterationen n über alle Grenzen, ist also eine fraktale Linie. Dagegen bleibt das Produkt $4^n \cdot (s/3^n)^{1{,}26}$ endlich.

Die logistische Abbildung im Komplexen: Mandelbrot- und Julia-Mengen

Die fraktale Grenze zwischen Regularität und Chaos wird noch deutlicher, wenn man die logistische Abbildung von den reellen Zahlen in die komplexen erweitert, getreu der mathematischen Maxime ›complexify to simplify‹. Reelle Zahlen sind eindimensional, sie können entlang einer Linie von klein nach groß angeordnet werden. Im Komplexen ist jede Zahl ein Punkt in einer Fläche, wird also, wie auf einem Stadtplan, durch zwei Koordinaten spezifiziert, $z = (z_x, z_y)$. Das gilt natürlich auch für den Reproduktionsparameter, $r = (r_x, r_y)$. Die komplexe logistische Abbildung schreibt man gewöhnlich $z_{n+1} = z_n^2 + r$. Der Unterschied zur reellen Abbildung besteht etwas verkürzt darin, dass chaotisches Verhalten nun dazu führt, dass die Population z_n mit wachsendem n über alle Grenzen wachsen kann. Auf der anderen Seite gibt es natürlich auch noch viele Fixpunkte und periodisches Verhalten. Die Grenze zwischen Chaos und Regularitäten bilden nun solche Generationenfolgen $(z_0, z_1, z_2, \ldots)$, die für beliebig viele Iterationen n beschränkt, also endlich bleiben. Diese Eigenschaft in Abhängigkeit des Parameters r betrachtete zuerst Benoit Mandel-

brot.[33] Die Menge aller Parameter r mit beschränkten Generationsfolgen und der *festen* Anfangspopulation $z_0 = (0,0)$ heißt daher Mandelbrotmenge. Sie ist in Abbildung 30 zu sehen und wird auf Grund ihrer Form auch Apfelmännchen genannt.

›Strukturen am Rande des Chaos‹ ergeben sich natürlich auch, wenn man umgekehrt bei festem r fragt, für welche Anfangspopulationen z_0 die Generationenfolgen beschränkt bleiben. Die Gesamtheit dieser z_0 für ein bestimmtes r heißt eine Julia-Menge. Eine geringfügige Änderung von r produziert oft eine vollkommen andere Form, zwei davon sieht man in Abbildung 31. Viele wunderschöne Beispiele von Julia-Mengen enthält das Buch von Peitgen und Richter.[34]

Julia-Mengen illustrieren in beeindruckender Weise die unendliche Vielfalt, die an der Grenze zwischen Chaos und Regularität entsteht und gleichsam das Paradigma für komplexes Verhalten ist.

Fraktale in der Natur

Man könnte den Eindruck gewinnen, dass gebrochene Dimensionen nur den Köpfen fantasiebegabter Mathematiker entsprungen sind. Das Gegenteil ist der Fall, die meisten Linien in der Natur sind fraktal. Zwar gibt es oft einen kleinsten und einen größten Maßstab, doch die Selbstähnlichkeit reicht meist über mehrere, wenn nicht sehr viele Größenordnungen. Ein gutes Beispiel sind Küstenlinien. Die Küstenlinie von Norwegen, dargestellt in Abbildung 32, ist ein Fraktal mit der Dimension $D_H = 1,52$, wie der Norweger Feder zeigte, indem er Landkarten mit Maßstäben von 0,6 km bis 80 km auswertete[35]. Dabei verlängerte sich die Küstenlinie von 2500 km bis auf 30 000 km, gemessen mit dem feinsten Maßstab.

Abb. 30: Die Mandelbrotmenge: alle komplexen Konstanten r, für die die Iterierten der Abbildung $z_{n+1} = z_n^2 + r$ mit $z_0 = (0,0)$ endlich bleiben.

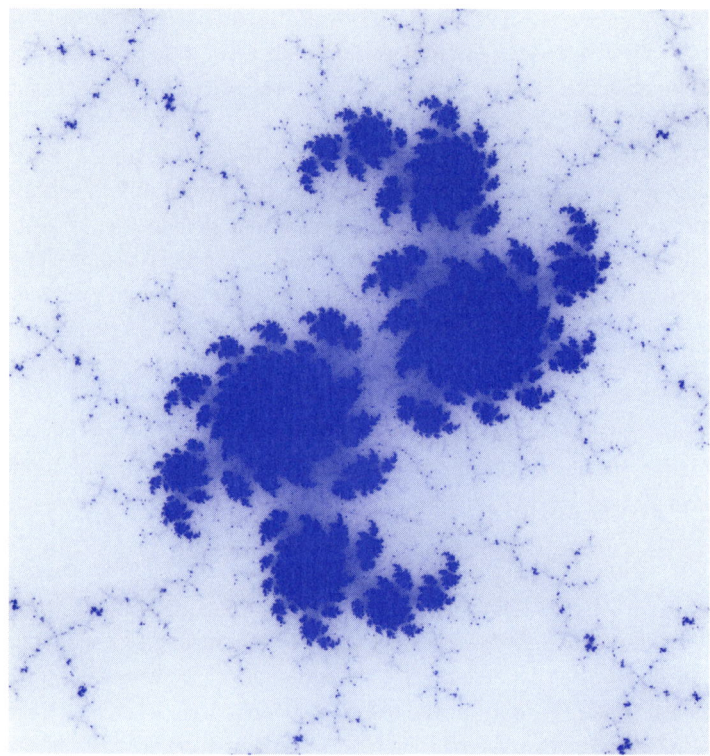

Abb. 31, links: Eine Julia-Menge für den Wert $r_x = 0,361$ und $r_y = 0,6415435$.

Doppeltlogarithmisch aufgetragen in Abbildung 33a findet man aus der Steigung die Dimension $D_H = 1,52$, wie unter gebrochene Dimension erklärt. Da alle fraktalen Linien eine Dimension größer als eins haben, sieht man die Unterschiede in Abbildung 33a nicht deutlich. Es bietet sich daher an, nur die Differenz zu eins zu betrachten, also die Steigung D_H-1 aufzutragen. Dies wird erreicht, wenn man als y-Werte die Anzahl n der Kästchen multipliziert mit der Kästchenlänge s_n aufträgt, wie in Abbildung 33b geschehen. Mandelbrot hat

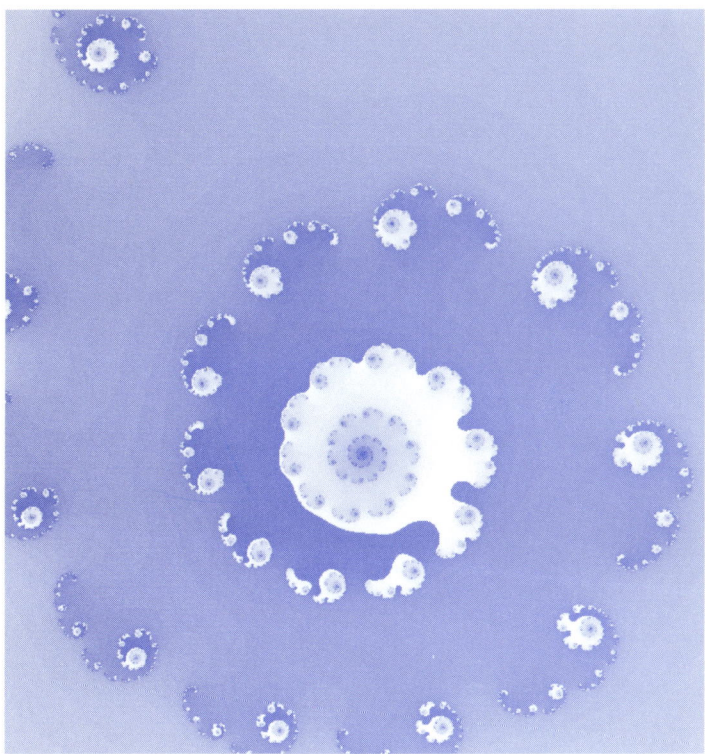

Abb. 31, rechts: Eine Julia-Menge für den Wert $r_x = 0{,}35$ und $r_y = -0{,}04$.

Daten für verschiedene Küsten zusammengestellt.[33] Norwegen mit seinen Fjorden ist dabei in seiner Fraktalität zusammen mit der Westküste Englands Spitzenreiter, die sanfteste Küste mit einer Dimension $K_H \approx 1$ hat Südafrika.

Andere Beispiele für fraktale Objekte der Natur sind Gebirge oder Wolken, speziell solche, aus denen es regnet. Man kann die fraktale Struktur dieser Objekte gut studieren, da es eine Fülle von Radar- und Satellitendaten gibt, welche Regengebiete oder Wolken als Flä-

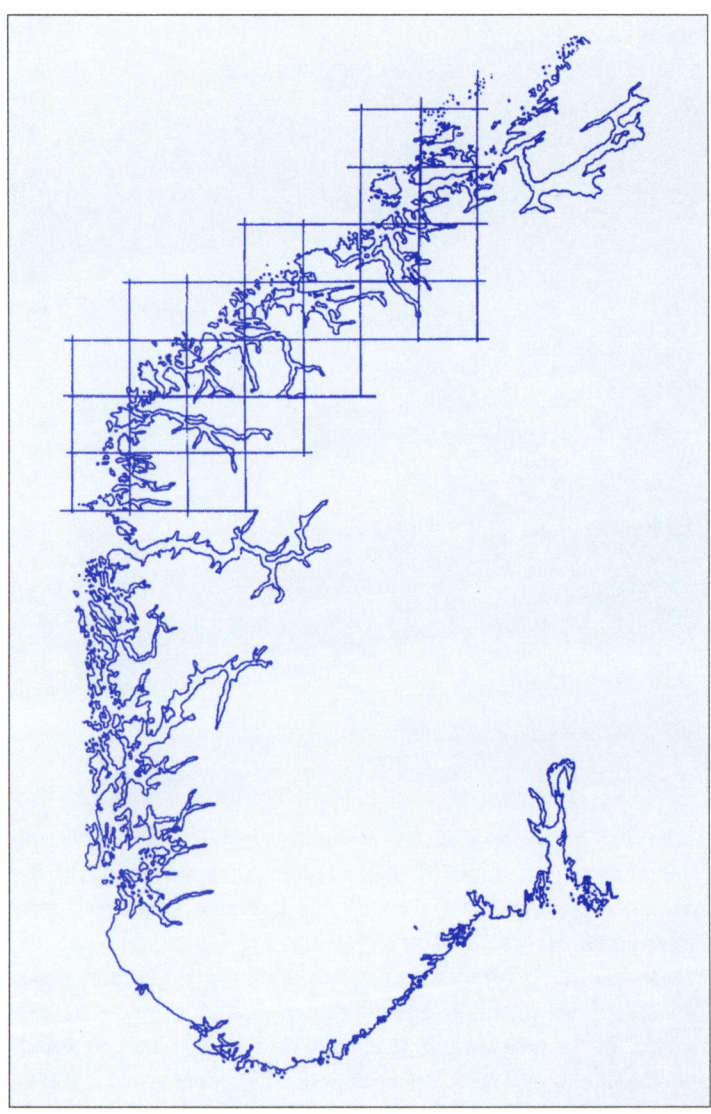

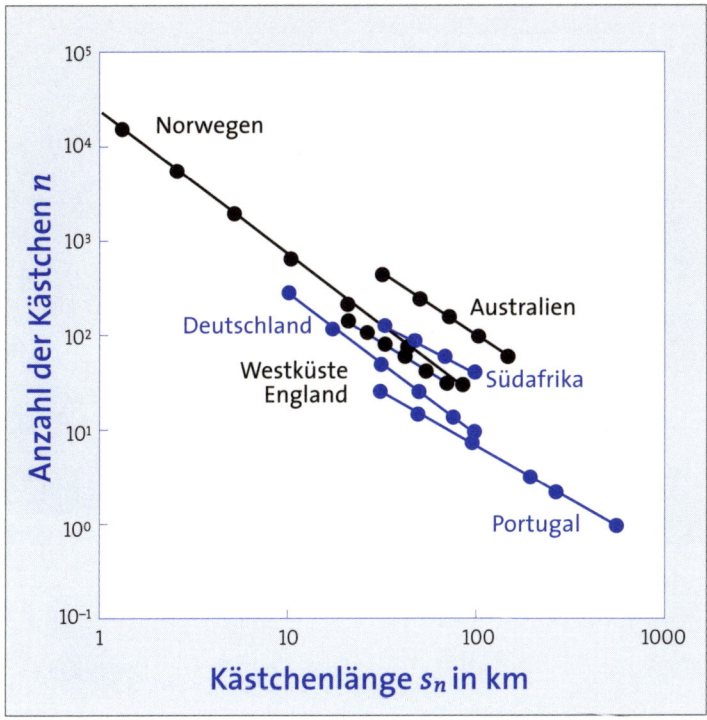

Abb. 33a: Die fraktalen Dimensionen der Küsten verschiedener Länder. (Siehe auch folgende Seite.)

chen von oben erfassen. Dabei skaliert der Rand solcher Gebiete über 6 Größenordnungen – von 1 km² bis zu 1 000 000 km² – mit der Fläche von Kästchen, die man benötigt, um ihn zu überdecken, wie man in Abbildung 34 sieht. Die fraktale Dimension des Randes solcher Wolken- oder Regenflecken ist 1,35.

Abb. 32: Die fraktale Küstenlinie Norwegens.

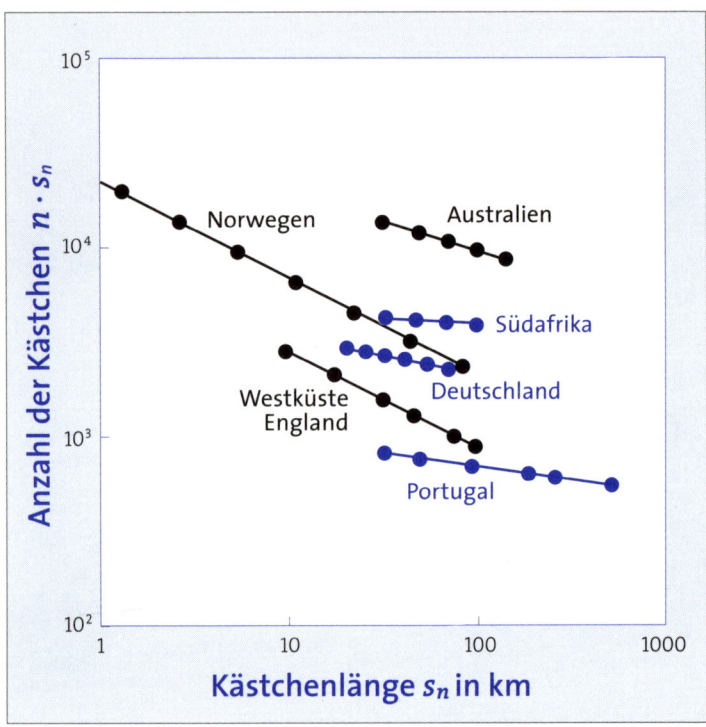

Abb. 33b: Die fraktalen Dimensionen der Küsten verschiedener Länder. (Siehe auch vorhergehende Seite.)

Phasenübergänge

Ein Phasenübergang zeichnet sich durch die qualitative Änderung von Eigenschaften eines Systems aus, wenn ein Parameter sich nur geringfügig quantitativ ändert. Wohlbekannte Beispiele für Phasenübergänge sind das Schmelzen oder Gefrieren von Substanzen oder das Sieden einer Flüssigkeit bei Überschreiten der Schmelz- bzw. Siedetemperatur. Ein in der Physik in den letzten Jahren, auch mit Hilfe

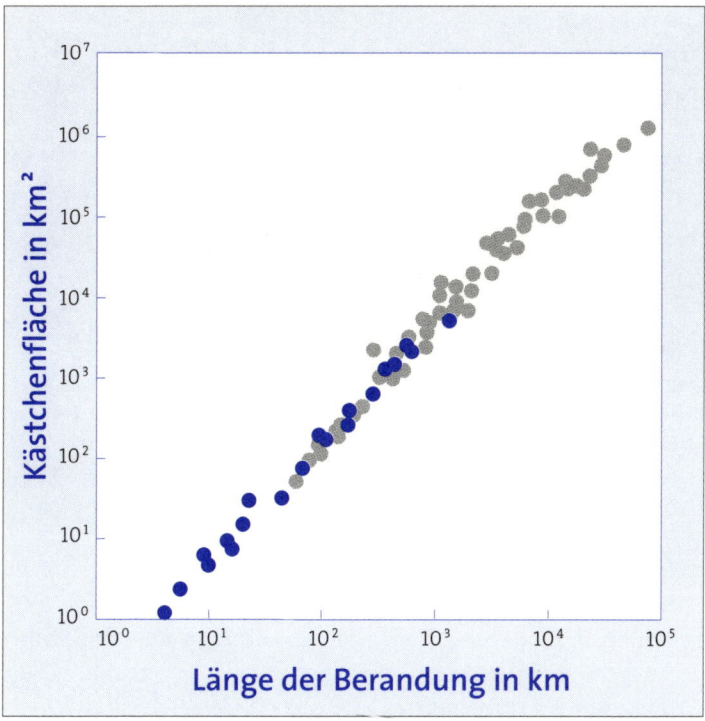

Abb. 34: Die fraktale Dimension des Randes von Wolkenfetzen (blau) und Regengebieten (grau) aus Satelliten- und Radaraufnahmen.

von Computersimulationen, sehr genau untersuchter Phasenübergang betrifft den Magnetismus. Ein Stück Eisen kann man sich aus vielen kleinen atomaren Elementarmagneten zusammengesetzt vorstellen, zwischen denen Kräfte wirken, die eine parallele Ausrichtung benachbarter Elementarmagneten favorisieren. Diesem geordneten magnetischen Zustand wirkt allerdings die Wärmebewegung entgegen. Erhitzt man langsam ein magnetisches Stück Eisen, so schwindet die Magnetisierung stetig. Die Magnetisierung als Maß für die geord-

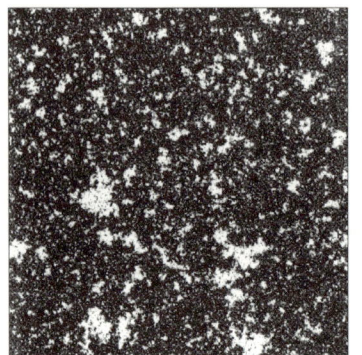 

Abb. 35: Computersimulation des Inneren eines Magneten: In den dunklen Bereichen weisen die atomaren Elementarmagneten nach oben und in den hellen Bereichen nach unten. Links: die Probe ist bei tiefer Temperatur magnetisch und wird bei einer kritischen Temperatur unmagnetisch (rechts). Die Simulation ist eine Anwendung zellulärer Automaten.

nete Ausrichtung der Elementarmagneten des Eisenstücks wird als Ordnungsparameter bezeichnet. Der Kontrollparameter ist die Temperatur: Erreicht sie einen bestimmten Wert (die Curie-Temperatur) oder allgemeiner, erreicht der Kontrollparameter den kritischen Punkt, vollzieht sich ein Phasenübergang von der geordneten zur ungeordneten Phase des Systems. Abbildung 35 zeigt eine Computersimulation eines solchen Entmagnetisierungsvorgangs: In den dunklen Bereichen zeigt die Magnetisierung der einzelnen Elementarmagneten nach oben und in den hellen Bereichen nach unten. Für eine Temperatur weit unterhalb der Curie-Temperatur dominieren klar die dunklen Bereiche, das Eisenstück ist magnetisch. Bei Erwärmung werden die hellen Bereiche größer und am kritischen Punkt halten sich helle und dunkle Bereiche die Waage: Die Probe ist unmagnetisch.

Nahe des kritischen Punkts reagiert das System äußerst empfindlich auf lokale Störungen des Ordnungsparameters. Eine lokale Veränderung der Magnetisierung wirkt sich dann nicht nur in der unmittelbaren Umgebung aus, die durch die Reichweite der atomaren Wechselwirkungen gegeben ist, sondern, je näher man am kritischen Punkt ist, desto ausgedehnter über das Eisenstück. Man spricht von langreichweitigen Korrelationen. Genau am kritischen Punkt stellt sich selbstorganisiert komplexes Verhalten ein. Man findet ineinander verwobene magnetische Domänen (hell oder dunkel) auf allen Längenmaßstäben und spricht daher von Skalenfreiheit oder Skaleninvarianz. »Kritisches Verhalten« ist daher eng mit komplexem Verhalten verknüpft. Damit ist erneut ein Potenzgesetz verbunden, das in der Umgebung des kritischen Punktes den Zusammenhang von Ordnungsparameter und Kontrollparameter beschreibt. Es verknüpft im konkreten Fall der Magnetisierung die Temperatur T in der Umgebung der kritischen Curie-Temperatur T_c mit der Magnetisierung über

$$M(T) = M_0 \left(\frac{T_c - T}{T_c} \right)^{\gamma}. \qquad (7)$$

Der magnetische Phasenübergang ist ein solcher zwischen Ordnung und Unordnung der Ausrichtung der Elementarmagneten. Auch hier treten wieder komplexe Phänomene genau dann zu Tage, wenn sich das System im Grenzbereich zwischen Ordnung und Unordung bewegt. Es besteht eine Analogie zum Übergang ins Chaos, den wir anhand der logistischen Abbildung ausführlich untersucht haben. Dort bildet r_∞ mit dem Feigenbaumattraktor einen kritischen Punkt, an dem ein Phasenübergang stattfindet. Beim Studium der logistischen Abbildung wurde auch deutlich, dass der Phasenübergang, zum Beispiel durch Bifurkationen, weit entfernt vom kritischen Punkt bereits systematisch vorbereitet wird. Hierdurch und auch durch den Verlust der Skalen können Phasenübergänge, oder allgemeiner kritische Phänomene, universell mit der so genannten Renormierungstheorie beschrieben werden.

Auch wenn sich abgeschlossene Systeme am kritischen Punkt mustergültig komplex verhalten und daher von besonderer konzeptioneller Bedeutung für die Physik sind, stellen sie dennoch große Ausnahmen in der Natur dar. Man muss die Parameter, die die Systeme bestimmen, von außen steuern und sehr präzise auf den kritischen Punkt einstellen, um komplexe Phänomene zu beobachten. Demgegenüber bewegen sich nach Meinung des dänischen Physikers Per Bak Systeme im Nichtgleichgewicht »von selbst« auf kritische Punkte zu und werden dadurch ohne äußeres Zutun komplex, wie im vierten Kapitel erläutert.

Eins-über-*f*-Rauschen

Ein Werkzeug, um komplexes Verhalten aufzuspüren, ist die Analyse der zeitlichen Abfolge von Messwerten oder Signalen eines Systems. Abbildung 36a zeigt die Überlagerung zweier periodischer Sinusschwingungen. Das Signal ist geprägt durch Variationen auf zwei verschiedenen Zeitskalen, und zwar der schnellen Oszillation um eine langsame Modulation mit großer Amplitude. Die Kurve ist eine Überlagerung von Schwingungen mit genau zwei verschiedenen Frequenzen (entsprechend zwei Tönen).

Abbildung 36c führt das Gegenteil vor Augen: Die erratisch fluktuierende Kurve, die keine Hierarchie von kleinen und größeren Strukturen erkennen lässt, ergibt sich durch die gleichgewichtete Überlagerung von periodischen Signalen aller Frequenzen. Man bezeichnet ein solches Signal daher als weißes Rauschen, in Analogie zur Zusammensetzung des weißen Lichts aus allen Spektralfarben. Das weiße Rauschen, beispielsweise das Rauschen im Radio zwischen zwei Sendefrequenzen, besteht aus völlig unabhängig voneinander abfolgenden Signalen.

In der Mitte zwischen den beiden Extremen findet sich in Abbildung 36b eine Kurve, die durch Fluktuationen mit verschiedensten Amplituden auf unterschiedlichsten Zeitintervallen gekennzeichnet ist, wie eine Gebirgslandschaft in der Zeit mit großen, breiten Ber-

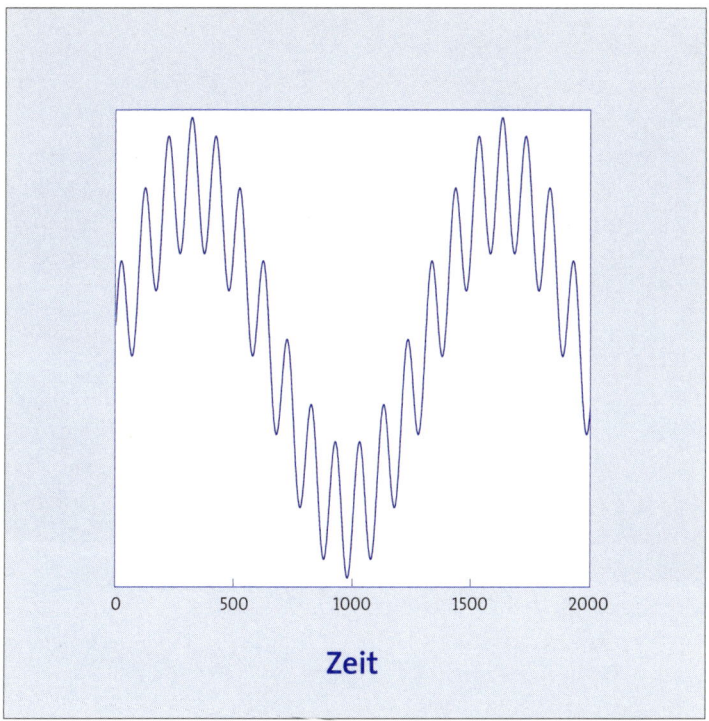

Zeit

Abb. 36a: Ein periodisches Signal (oben), ein *1/f*-Signal (36b) und weißes Rauschen (36c).

gen, die wieder durch kleinere Erhebungen und Spitzen unterteilt sind. Die Vielfalt der Kurve (b) resultiert aus der Überlagerung periodischer Signale aller Frequenzen *f*, wobei diese jetzt nicht, wie im Falle des weißen Rauschens, gleich gewichtet sind, sondern die ›Stärke‹ (das Amplitudenquadrat) einer Frequenzkomponente umgekehrt proportional zu *f* abnimmt. Hochfrequente Anteile sind dadurch unterdrückt, wodurch die Gesamtkurve glatter wirkt. Für solche gemäß einem *1/f*-Gesetz zusammengesetzte Signale hat sich

Zeit

Abb. 36b: *1/f*-Signal.

der Begriff *1/f*-Rauschen eingebürgert, bzw. ›rosa‹ Rauschen in Abwandlung des weißen Rauschens. Trägt man das Spektrum der Amplitudenquadrate eines *1/f*-Signals in logarithmischer Darstellung auf, so ergibt sich eine Gerade mit der Steigung −1. Systeme mit *1/f*-Rauschen sind skalenfrei; sie besitzen keine charakteristische Frequenzskala und entsprechend ist keine Zeitskala ausgezeichnet, wie es beispielsweise die Halbwertszeit beim radioaktiven Zerfall ist. Das ›Zeitgebirge‹ in Abbildung 36b sieht immer ähnlich aus, ob man es über ein Zeitintervall von einem Jahr, einem Monat oder einem Tag

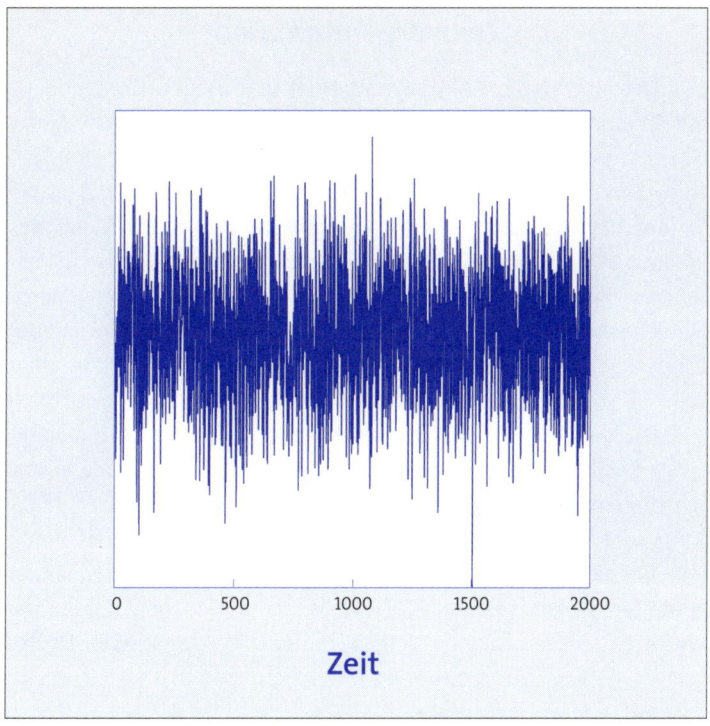

Zeit

Abb. 36c: Weißes Rauschen.

aufträgt. Skalenfreiheit impliziert auch hier Selbstähnlichkeit (zumindest im statistischen Sinne, da sich die Strukturen nicht genau reproduzieren); man spricht von Fraktalen in der Zeit.

Zu den verschiedenartigen Systemen, die $1/f$-Rauschen, oder allgemeiner $1/f^\alpha$-Rauschen ($0 < \alpha < 4$) aufweisen, gehören die Abfolgen von Lawinen, Lichtintensitäten von Quasaren, Wasserstände des Nils, der Verkehrsfluss auf Autobahnen, Aktienkurse und auch die von uns als variantenreich empfundene Amplitudenverteilung der Brandenburgischen Konzerte von Bach.[39]

Zelluläre Automaten

Zelluläre Automaten (ZA) sind mathematische Modelle, in denen die miteinander in Interaktion stehenden Einzelelemente eines (komplexen) Systems durch Zellen repräsentiert werden, die sich in bestimmten Zuständen befinden, welche durch gewisse Werte (z. B. die binären Werte 0 und 1) spezifiziert sind. Die zeitliche Dynamik des Systems wird zudem in diskrete Zeitschritte zerlegt und die Wechselwirkung zwischen den Agenten, respektive Zellen, durch möglichst einfache Regeln beschrieben, die festlegen, wie sich die Werte der Zellen bei jedem Zeitschritt ändern. Die Zustandsänderung einer Zelle ist in den meisten ZA-Modellen abhängig vom gegenwärtigen Zustand der Zelle selbst und ihrer Nachbarschaft; dadurch werden lokale Wechselwirkungen modelliert. Es gibt ZA für Systeme in verschiedenen Raumdimensionen.

Ein sehr einfaches Beispiel, das die Wirkungsweise eines eindimensionalen ZA deutlich macht, ist ein Automat, der aus aneinander gereihten Zellen besteht, die jeweils die natürlichen Zahlen als Werte annehmen können. Angenommen die Ausgangskonfiguration K_0 besteht aus einer Zelle mit Wert 1 und allen anderen im Zustand 0, d.h. ...|0|0|0|0|0|0|1|0|0|0|... . Mit der einfachen Regel, dass der neue Wert jeder Zelle durch die Summe aus ihrem momentanen Wert und dem der rechten Nachbarzelle gegeben ist, ergibt sich für die ersten fünf Folgekonfigurationen:

K_1: ...|0|0|0|0|0|1|1|0|0|0|... ,
K_2: ...|0|0|0|0|1|2|1|0|0|0|... ,
K_3: ...|0|0|0|1|3|3|1|0|0|0|... ,

Abb. 37: Die Muster auf den Schalen tropischer Muscheln (oben: Detail der Muschel *Olivia porphyria*) ähneln Strukturen (unten), die durch zelluläre Automaten generiert werden.

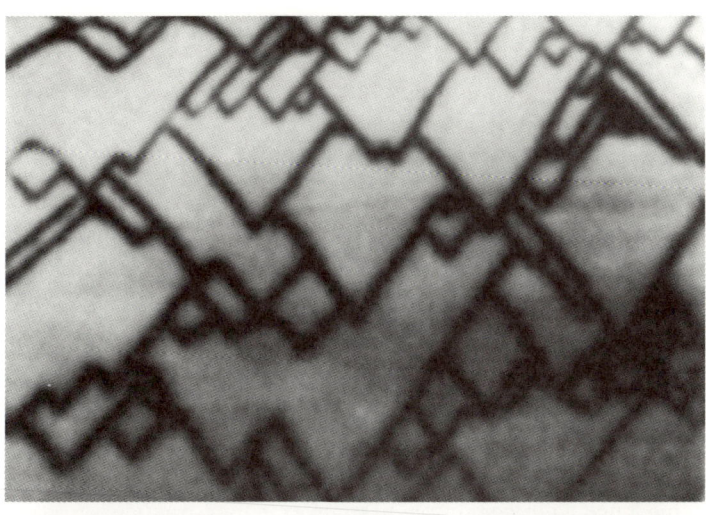

K_4: ...$|0|0|1|4|6|4|1|0|0|0|$... ,
K_5: ...$|0|1|5|10|10|5|1|0|0|0|$... ,

und so weiter.

Dieser zelluläre Automat wirkt wie ein Computer, der gleichzeitig (parallel) über eine einfache Rechenvorschrift die Binomialkoeffizienten, das sind die Vorfaktoren der binomischen Ausdrücke $(x + y)^n$, ausrechnet. Beispielsweise liefern die berechneten Einträge der im dritten Schritt erreichten Zellkonfiguration K_3 gerade die Koeffizienten von $(x + y)^3 = 1 \cdot x^3 + 3 \cdot x^2 \cdot y + 3 \cdot y^2 \cdot x + 1 \cdot y^3$.

Das »Spiel des Lebens«, das im dritten Kapitel eingehend beschrieben wird, ist das Paradebeispiel eines zweidimensionalen ZA mit binären Zellwerten 0, 1. Aber auch über die Mathematik hinaus werden ZA zur Beschreibung von komplexen physikalischen, chemischen oder biologischen Prozessen herangezogen. Ihre Attraktivität rührt daher, dass häufig komplizierte Differentialgleichungen, die komplexe Dynamik beschreiben, in ZA durch einfache Regeln ersetzt und auf diese Weise dennoch vielfältige Phänomene in der Natur adäquat beschrieben werden können. Dazu gehören die Lawinen in granularen Systemen im vierten Kapitel, die Musterentstehung in chemischen Reaktionssystemen aus dem fünften Kapitel und Magnetisierungsmodelle in der Vertiefung über **Phasenübergänge**.

S. 98

Ganz generell ist es möglich, mit Hilfe von ZA Strukturbildung und verschiedenste Wachstumsprozesse nachzubilden, bis hin zu biologischen Mustern bei Pflanzen und Tieren.[36] Ein verblüffendes Beispiel hierfür ist die Ähnlichkeit der Zeichnung auf Muschelschalen mit Mustern, die man durch ZA simulieren kann[49], wie in Abb. 37 veranschaulicht. Inwiefern hier nur eine zufällige Übereinstimmung vorliegt oder ob der ZA tatsächlich die zugrunde liegenden biologischen Strukturbildungsmechanismen widerspiegelt, ist allerdings noch umstritten.

Der Gödel'sche Unvollständigkeitssatz

Kurt Gödel (1906–1978) ist berühmt geworden durch seinen zweiten Unvollständigkeitssatz, der in eine Periode weiterer wichtiger Ergebnisse für die Logik fiel, alle entstanden in den Jahren 1929–1937. Gödel gehörte dem Wiener Kreis an, einer informellen Gruppe von Denkern um Rudolf Carnap. In frühen Jahren machte er die Bekanntschaft des polnischen Logikers Alfred Tarski und des ungarischen Mathematikers John von Neumann, die beide lebhaftes Interesse an seiner Forschung zeigten. Sein Unvollständigkeitssatz setzt bei dem bekannten Lügnerparadoxon der Antike an: Ein Kreter sagt: »Alle Kreter lügen.« Diese Aussage ist in sich widersprüchlich. Entweder macht der Kreter wahre Aussagen, dann ist aber der Inhalt seiner Aussage falsch, er lügt ja nicht. Oder aber, alle Kreter lügen tatsächlich, dann kann man aber dieser, seiner Aussage auch nicht trauen.

Gödel nutzte in genialer Weise das Element der Rückkopplung, oder in diesem Zusammenhang besser das der Selbstbezüglichkeit[40], für seine formale Beweisführung. Dadurch konnte er diesem uralten Paradoxon eine konstruktive Aussage abtrotzen, die zur damaligen Zeit überraschend, ja für manche Mathematiker schockierend war: Mit einer gegebenen ›Sprache‹ sind Aussagen möglich, die nicht mit den Mitteln derselben Sprache bewiesen werden können.

›Sprache‹ bezieht sich hier auf eine formalisierte Sprache oder ein Modell, das auf in sich konsistenten Regeln (Axiomen) beruht. Dies ist nicht so abstrakt, wie man denken könnte. Eine Reihe von experimentellen Beobachtungen, richtig formalisiert, bilden bereits ein Modell. Die Konsequenz aus Gödels Unvollständigkeitssatz wurde von Tarski griffig formuliert: ›Wahrheit‹ für ein Modell kann nicht innerhalb des Modells definiert werden. Stattdessen muss man auf ein umfassenderes Modell zurückgreifen, und dieser Prozess setzt sich mit immer umfassenderen Modellen wie mit Zwiebelschalen unendlich fort.

Um den Charakter der Selbstbezüglichkeit zu illustrieren, geben wir hier noch eine kurze Schilderung von Gödels erstem, etwas weniger allgemeinen Unvollständigkeitssatz, der sich auf die Zahlentheorie bezog. Ihn interessierte die Frage, ob die allgemein akzeptierte Axiomatik der natürlichen Zahlen (1, 2, 3, ...) beruhend auf den Peano-Axiomen vollständig ist. Aus dieser Axiomatik folgt die gesamte Arithmetik, von den natürlichen Zahlen bis hin zu irrationalen Zahlen wie $\sqrt{2}$. Mit der heute so bezeichneten ›Gödel-Numerierung‹ machte er sich das Element der Selbstbezüglichkeit für seine Beweisführung zugänglich. Er fand nämlich einen Weg, jede auch noch so komplizierte Aussage der Arithmetik eindeutig wieder einfachen natürlichen Zahlen zuzuordnen. Er brachte also Zahlen dazu, über sich selbst zu sprechen. Dadurch gelang es ihm, einen Satz in der Sprache der Zahlentheorie zu konstruieren, der bedeutet: ›Dieses Theorem ist mit der Zahlentheorie nicht beweisbar.‹ Wenn dieser ›Gödelsatz‹ falsch ist, kann man ihn mit der Zahlentheorie beweisen – ein Widerspruch. Unter der Voraussetzung, dass die Arithmetik konsistent ist, ist der Gödelsatz aber wahr. Demnach gibt es Aussagen in der Zahlentheorie, die nicht beweis- oder widerlegbar sind. Die Arithmetik ist also unvollständig.

In den 30er Jahren des letzten Jahrhunderts war der Gedankengang und die Beweisführung Gödels eine kaum zu überschätzende Pionierleistung. Sie fiel in ein geistiges Klima, das mit Carnaps Programm des »logischen Aufbaus der Welt« gut charakterisiert ist: Man glaubte, eine geordnete Struktur für die Welt finden zu können. Gödels Unvollständigkeitssatz machte das Programm zur Illusion und war der erste Hinweis auf Phänomene der Komplexität, die durch Selbstbezüglichkeit und Iteration entstehen. Zudem hatten die Mathematiker noch kein Instrument, um sich in diesem neuen Umfeld formaler Modelle und Axiomensysteme kreativ zu bewegen. Gödels Beweisführung war sehr umständlich und mühsam. Dies änderte sich noch in den 30er Jahren mit der Erfindung der Turingmaschine.

Turingmaschinen

Die Turingmaschine ist benannt nach ihrem Erfinder, dem englischen Mathematiker und Mitbegründer der Informatik Alan Turing (1912–1954). Die Turingmaschine ist in unserem Sinne eher Software denn Hardware, also mehr ein Programm als ein Computer und spielt eine zentrale Rolle für Theorien der Berechenbarkeit. Sie wurde von Turing eingeführt, um das Konzept der ›Methode‹, heute sagen wir des Algorithmus, auf eine formal strenge Basis zu stellen.

Die Maschine selbst besteht einfach aus einem Band, einem Lese- und Schreibkopf und einer Tabelle von Instruktionen. Das Band ist in Parzellen geteilt, die entweder ›0‹ oder ›1‹ enthalten. Der Kopf liest oder schreibt ›0‹ oder ›1‹, abhängig von seinem Zustand, dem Befehl aus der Instruktionstabelle und dem Inhalt der Parzelle, die er liest. Das Band kann vorwärts und rückwärts laufen und ist unendlich lang. Die Instruktionstabelle dagegen hat endliche Länge. Trotz dieser Einfachheit enthält die Maschine alles, was man an grundlegendem Verständnis für moderne Rechner und modernes Rechnen im Allgemeinen benötigt.

Turing gelang es zu zeigen, dass die Turingmaschine alle Operationen durchführen kann, die innerhalb eines logischen Systems von Regeln, also eines Axiomensystems, exisitieren. Alonzo Church kam zu der gleichen Schlussfolgerung, indem er eine bestimmte Klasse von Funktionen untersuchte (so genannte λ-definierbare Funktionen). Church verglich später beide Ergebnisse und gelangete zu einer noch stärkeren Aussage. Sie ist heute als Church-Turing-These bekannt und besagt, dass alle Definitionen von Berechenbarkeit äquivalent sind. Mit anderen Worten, Turingmaschinen können alle Funktionen berechnen, die berechenbar sind.

Unentscheidbare (also nicht beweis- oder widerlegbare) Aussagen sind damit äquivalent, dass eine Turingmaschine unendlich lange braucht, um sie zu bearbeiten, dazu mehr in der Diskussion zu **Gödels** S. 109

Unvollständigkeitssatz. Ein Beispiel für eine Turingmaschine, die nicht in endlicher Zeit an das Ende des Algorithmus gelangt, ist das Spiel des Lebens, welches mit zellulären Automaten realisiert wird.

Die Arbeiten von Turing, Church und Gödel haben ein neues Gebiet der Logik hervorgebracht, das heute als rekursive Funktionentheorie bekannt ist. Das Element der Rekursion, eine spezielle Form der Iteration, ist in diesem Zusammenhang die Quelle komplexen Verhaltens, hier allerdings in seiner abstraktesten Form. Etwas konkreter kann die Zeit, die eine Turingmaschine für die Abarbeitung eines Algorithmus benötigt, als quantitativer Indikator für algorithmische Komplexität dienen.

Algorithmische Komplexität

Die Komplexität eines Systems hängt stark von der Beschreibung ab, die man wählt.[41] Komplexität ist in erster Linie nicht eine Eigenschaft des beschriebenen Objektes, sondern der Beschreibung selbst. Besonders deutlich wird dies an abstrakten Objekten, wie sie die Informatik zum Thema hat. Aus ihrem Umkreis stammen auch die Komplexitätsmaße, mit denen man den Komplexitätsgehalt verschiedener Objekte vergleichen und quantifizieren kann. Hierzu muss man sich zunächst auf eine Formalisierung einigen. Informatiker stellen alle formalisierbaren Systeme durch verschiedene Zeichenketten von ›0‹ und ›1‹ dar.

Formalisierbare Systeme beruhen auf einer endlichen Zahl logisch konsistenter Regeln, den Axiomen. Äquivalent damit ist für unseren Zweck, dass sie mit einer Turingmaschine erfasst werden können. Die einheitliche Beschreibung mit Zeichenketten vereinfacht den Vergleich von Systemen. Was ist der Komplexitätsgehalt einer solchen Zeichenkette? Folgen wir zunächst unserer Intuition und betrachten vier verschiedene Beispiele, jeweils bestehend aus einhundertsechzig Symbolen:

(a)　0000000000000000000000000000000000000000
　　　0000000000000000000000000000000000000000
　　　0000000000000000000000000000000000000000
　　　0000000000000000000000000000000000000000

(b)　0101010101010101010101010101010101010101
　　　0101010101010101010101010101010101010101
　　　0101010101010101010101010101010101010101
　　　0101010101010101010101010101010101010101

(c)　1011010010011011001011010011011010010011
　　　0100101101100100110100100110110100101001
　　　0011010010011011001011010010011011010011
　　　0110010110110010011010010110010010110111

(d)　1110111011000110001011100100111011100101
　　　0100001010010101011000001100100100010001
　　　0101001000100011010100111100100010001001
　　　1000000000010010101011110110011010110001

Die erste Kette (a) enthält 160-mal das Symbol ›0‹ und ist damit sehr einfach. Die Kette (b) ist ebensowenig komplex, da sie aus der achtzigfachen Symbolkombination ›01‹ besteht. Die Ketten (c) und (d) sehen dagegen weniger regulär aus. Augenscheinlich unterscheiden sie sich kaum voneinander. Doch der Schein trügt, während (d) eine zufällige Folge ist, nämlich das Protokoll von 160 Würfen einer Münze (›Kopf oder Zahl‹), so repräsentiert (c) den binären, d.h. mit ›0‹ und ›1‹ dargestellten Ausdruck für $\sqrt{2}$.

Unterziehen wir den Komplexitätsgehalt der Ketten einem quantitativen Vergleich mit verschiedenen Maßen. Das vermutlich einfachste Maß ist die Informations- oder Kolmogorov-Komplexität. Durch sie wird Komplexität mit dem Informationsgehalt, oder exakter, mit der Länge der Definition einer Zeichenkette, gleichgesetzt. Konkret: Man wähle eine Programmiersprache (wir nehmen Mathematica[43]) und bestimme die Kolmogorov-Komplexität K einer Zeichenfolge x von ›0‹ und ›1‹ als die Länge des kürzesten Programms, das x ausdruckt.

Nun kann jede endliche Zeichenfolge trivialerweise durch ein Programm ausgedruckt werden, dass den Befehl enthält ›Drucke 01100...‹. In Mathematica lautet der Befehl einfach

Print[„01100..."].

Wenn also eine Zeichenkette n Symbole enthält, dann ist ihre Kolmogorov-Komplexität maximal $n+9$, wobei die Konstante 9 durch die Programmanweisung kommt und je nach Programmiersprache leicht variiert. Abgesehen von dieser additiven Konstante spielt die gewählte Programmiersprache aber keine Rolle. Wenden wir nun diese Kodierung auf unsere Zeichenkette (a) an, so ergibt sich, wie zu erwarten, eine sehr geringe Komplexität. Es genügt ein Programm, dass 160-mal ›0‹ ausdruckt:

x=„ "; y=„0"; Do[x = x<>y, {i, 1, 160}]; Print [x].

Ähnlich verhält es sich mit Kette (b). In obigem Programm muss man nur ›160‹ gegen ›80‹ und ›0‹ gegen ›01‹ austauschen.

Eine Überraschung erlebt man mit der vermeintlichen komplexen Kette (c). Sie ist ebenso einfach zu erzeugen, da es sich um die Darstellung von $\sqrt{2}$ handelt. Die ersten drei Ketten sind daher in ihrer Kolmogorov-Komplexität vergleichbar, es existiert mit den beschriebenen Programmen eine kompakte Kodierung, die sehr viel kürzer ist als die ursprüngliche Zeichenkette. Die zufällige Kette (d) dagegen kann nicht komprimiert werden. Das Programm, welches sie druckt, ist im Wesentlichen so lang wie die Zeichenkette selbst.

Eine wichtige technische Anwendung der Kolmogorov-Komplexität $K(x)$ liegt in der Datenkompression. Ein Programm, das die Vorschrift enthält, eine bestimmte Zeichensequenz zu produzieren, kann als komprimierte Darstellung dieser Sequenz aufgefasst werden. Außerdem hat $K(x)$ eine enge Beziehung zur Entropie. Sie ist ein informationstheoretisches und physikalisches Maß für die Unordnung eines Systems.

Erscheinende Komplexität, wie wir sie intuitiv erfassen, stimmt also nicht unbedingt mit dem objektiven Maß der Kolmogorov-Komplexität überein. Die Diskrepanz ist für Kette (c) am größten, da es für diese vermeintlich komplexe Kette einen einfachen Algorithmus gibt.

Zwar geht die Kolmogorov-Komplexität bereits über eine naive Charakterisierung nach Augenschein hinaus, doch bleibt sie unbefriedigend, da sie Kette (d) eine hohe Komplexität zuschreibt, obwohl dies eine zufällige Zeichenkette mit geringem Organisationsgrad ist. Dementsprechend sollte ein gutes Maß eine kleine Komplexität feststellen.

Die Informatiker haben daher ein weiteres, subtileres Maß ersonnen, das auf der Kolmogorov-Komplexität aufbaut. Die von Bennett 1988 vorgeschlagene *logische Tiefe*[44] bezieht sich weniger auf die Länge einer Zeichenkette als auf die Zeit, die ein Computerprogramm benötigt, um sie zu berechnen, und zwar mit einem Algorithmus minimaler Kolmogorov-Komplexität.[42] Unsere zufällige Kette (d) hat geringe logische Tiefe, denn das Computerprogramm besteht nur aus dem Befehl ›Drucke die Kette‹, der wenig Rechenzeit benötigt. (Das nachfolgende ›physische‹ Ausdrucken der Kette zählt nicht zur Rechenzeit des Algorithmus.) Mit der Turingmaschine existiert eine universelle Kodierung, sozusagen die Mutter aller möglichen Programme.

Mit der Turingmaschine kann man daher die Zeit, die ein Algorithmus benötigt, einheitlich bestimmen. Die komplexesten Programme sind nun solche, für die eine Turingmaschine unendlich lange Zeit zur Ausführung benötigt, also niemals ›anhält‹, z.B. beim ›Spiel des Lebens‹.

Die logische Tiefe ist das Komplexitätsmaß, welches mit unserer zu Anfang artikulierten intuitiven Erwartung im Einklang steht. Periodische Zeichenketten (wie (a) und (b)) und zufällige Zeichenketten wie (d) haben wenig logische Tiefe und weisen damit geringe Komplexität auf. Das Halteproblem der Turingmaschine wiederum hängt direkt mit dem Gödel'schen Unvollständigkeitssatz zusammen.

Obwohl algorithmische Komplexität in verschiedenen Varianten den Komplexitätsgrad präzise definiert, kann man den jeweiligen Komplexitätsgrad eines konkreten Systems paradoxerweise nicht endgültig bestimmen. Am Beispiel unserer Zeichenkette (c) wird dies verständlich. Wüssten wir nicht, dass (c) durch den Algorithmus ›Berechne die Wurzel aus 2‹ zustande gekommen ist, so wäre es praktisch unmöglich, den kompakten Algorithmus zur Erzeugung von (c) zu finden. Wir können aber nie sicher sein, dass es nicht einen noch kompakteren Algorithmus gibt. In der Tat gibt es kein Rezept, das allgemein $K(x)$ für eine beliebige Zeichenkette bestimmt. Die Kolmogorov-Komplexität eines Systems ist nach dem Gödel'schen Unvollständigkeitssatz unentscheidbar.[46] Dies ist eine Folge der Selbstbezüglichkeit, da die Komplexität eines Algorithmus auf ein Rezept, also wiederum auf einen Algorithmus, angewiesen ist, diese Komplexität zu bestimmen.

Wozu ist algorithmische Komplexität gut, wenn sie prinzipiell nicht bestimmt werden kann? Gerade die Unmöglichkeit bestimmter Vorgänge – sofern mannigfach beobachtet, formalisiert und in der Folge akzeptiert – hat oft zu grundlegenden Durchbrüchen in der Wissenschaft geführt.[47]

So entstand aus der Unmöglichkeit, ein Perpetuum mobile zu konstruieren, das Konzept der Energie und die Thermodynamik. Die Unmöglichkeit, Information schneller als mit Lichtgeschwindigkeit zu verbreiten, ist die Grundlage der Relativitätstheorie. Schließlich hat die Unmöglichkeit, Geschwindigkeit und Ort eines mikroskopischen Teilchens gleichzeitig zu messen, die Quantenmechanik hervorgebracht. Wir werden diesen Gedankengang in der folgenden Vertiefung noch genauer vorstellen.

Man darf daher gespannt sein, was im Rahmen der Komplexität die Unmöglichkeit, bestimmte Probleme algorithmisch zu lösen, an neuen, konstruktiven Einsichten mit sich bringen wird.

Grenzen als Quelle der Naturerkenntnis

Ein Leitmotiv diese Buches sind Grenzen und Übergangsbereiche zwischen qualitativ unterschiedlichem Verhalten. Wir haben versucht zu zeigen, dass komplexe Strukturen in solchen Übergangsbereichen entstehen, z.B. zwischen Regularität und Chaos oder quantenmechanischem und klassischem Verhalten. Zum Abschluss fragen wir allgemein nach der Rolle der Grenzen für die Naturerkenntnis, um dann noch einmal in diesem Licht komplexe Systeme zu betrachten.

Lovasz hat die interessante These aufgestellt, dass ganz allgemein wichtige physikalische Theorien aus zunächst nicht hinterfragbaren, aber empirisch experimentell gut untersuchten Grenzen entstehen.[41] In der Regel ist mit einer solch charakteristischen Grenze in der Physik die Existenz einer Fundamentalkonstante verbunden, die einen bestimmten Wert hat, der aber nicht aus der Theorie gefolgert werden kann. Dies kann man leicht für die beiden gegenwärtig existierenden Fundamentaltheorien zeigen: die Relativitätstheorie und die Quantentheorie.

Es ist experimentell nie gelungen, ein massives Objekt mit Lichtgeschwindigkeit oder schneller zu bewegen. Einstein nahm dies als Faktum und fragte sich, welche Konsequenzen daraus für eine theoretische Beschreibung zu ziehen sind. Das Ergebnis war die spezielle Relativitätstheorie, die als charakteristische Konstante die Lichtgeschwindigkeit c enthält. Später verallgemeinerte er das Prinzip in der allgemeinen Relativitätstheorie, die heute alle Phänomene auf großen, kosmischen Skalen beschreibt.

THEORIE	KONSTANTE	FUNKTION
Quantentheorie	$\hbar$ Planck'sches Wirkungsquantum	Fundamentaltheorie im Mikrokosmos
Relativitätstheorie	c Lichtgeschwindigkeit	Fundamentaltheorie im Makrokosmos
Elektrodynamik	e Ladung des Elektrons	Materie-Licht-Kopplung
Thermodynamik	k Boltzmann-Konstante	Energie-Wärme-Beziehung

Tabelle 3: Theorien und die sie strukturierenden Konstanten.

Auch am anderen Ende der Skala, im Mikrokosmos, machte man zu Beginn des letzten Jahrhunderts eine erstaunliche Entdeckung im Zusammenhang mit Licht: Der photoelektrische Effekt zeigte, dass Lichtenergie in kleinsten diskreten Portionen $h\nu$ auf Materie übertragen wird, wobei ν die Lichtfrequenz ist (sie bestimmt die Farbe des Lichtes) und h das Planck'sche Wirkungsquantum bezeichnet. Es ist die neue, charakteristische Konstante des Mikrokosmos mit der Einheit einer Wirkung (Energie × Zeit). Etwas später wurde ebenfalls experimentell deutlich, dass man Ort und Geschwindigkeit eines mikroskopischen Teilchens, z. B. eines Elektrons, nicht zugleich exakt messen kann. Heisenberg formulierte hierzu die berühmte Unschärferelation, die besagt, dass das Produkt der Unsicherheit in der Messung von Ort und Impuls immer größer als $h/2\pi$ ist. Parallel zu Schrödinger entwickelte er eine Theorie des Mikrokosmos, die Quantenmechanik, deren Merkmal die Existenz des Planck'schen Wirkungsquantums h ist.

Auch über die beiden Fundamentaltheorien hinaus, kann man die Theorie der Elektrodynamik, also der Kopplung zwischen Licht und Materie, eng an die Existenz der Elementarladung e des Elektrons binden. Ein Elektron hat *immer* die Ladung e. Die Beziehung zwischen Energie und Wärme ist durch die Thermodynamik theoretisch beschrieben. Energie kann nie vollständig in eine andere Energieform überführt werden, es entsteht immer Wärme. Diese Begrenzung findet ihren Ausdruck in der empirischen Tatsache, dass wir kein Perpetuum mobile kennen. Die charakteristische Konstante der Thermodynamik ist die Boltzmann-Konstante k mit der Einheit (Energie/Temperatur). Es sei nur noch kurz erwähnt, dass man mit analogen Strukturüberlegungen bis in die Quantenchromodynamik vordringen kann. Sie führt die Vielfalt der so genannten Elementarteilchen auf sechs Urbausteine zurück und gehorcht dem Prinzip, oder der Begrenzung, dass die Urbausteine nur Ladung in Vielfachen von 1/3 der Ladung e des Elektrons tragen können.

Man kann sich fragen, warum Grenzen oder Übergänge so wichtig sind. Dazu bedarf es nur eines kurzen Innehaltens und Besinnen auf das Alltagsleben: Was im Gedächtnis bleibt, was den Tages- und Wochenablauf strukturiert, sind immer die besonderen Ereignisse. Das setzt sich im Größeren fort mit jeder Biographie, deren Lebensabschnitte sich anhand markanter Ereignisse individuell gliedern, sowohl im privaten wie im beruflichen Leben. Oft sind es die Übergänge, an denen sich in kurzer Zeit viel ändert. Das meiste ändert sich vielleicht in Situationen, in denen man sich des Übergangs bewusst ist, also die Grenze reflektiert und damit auf sie selbst bezieht.

Fassen wir Änderungen quantitativ, wie man das in der Physik gewohnt ist, so ist eine glatte Kurve, die sich langsam ändert, relativ uninteressant, analog zum »langweiligen« Alltagsleben. Der Physiker interessiert sich für »Peaks«, für große Ausschläge und rasche Änderungen des Signals. Besteht das Signal allerdings nur aus vielen raschen Ausschlägen, ist es wiederum relativ uninteressant. Existieren mehrere auffällige Peaks auf einem glatten Untergrund in einer Kurve, so ist man bemüht, die Ursache für ihre Existenz zu ergründen, wobei der Untergrund eine untergeordnete Rolle spielt. Das Gebiet der Spektroskopie in Chemie und Physik widmet sich z. B. der Analyse solcher Peaks.

Was aber ist nun das spezifische, und das spezifisch neue Element, wenn man Komplexität in den Blick nimmt? Offensichtlich spielt das für komplexe Phänomene in Anspruch genommene Element der Grenze ja in allen physikalischen Theorien eine wichtige Rolle. Mit der Perspektive der Komplexität wird die Grenze an sich zum Phänomen und gerät in den Mittelpunkt der Betrachtung. Dies geschieht durch Iteration und Rückkopplung oder Selbstbezüglichkeit. Der **Gödel'sche Unvollständigkeitssatz** war eine frühe spektakuläre Konsequenz. Dass ausgerechnet im abstrakten Bereich der Logik die erste Manifestation des Komplexen zu Tage trat, spiegelt vielleicht wider, dass die Konzeptualisierung von Komplexität mit einem hohen Abstraktionsniveau einhergeht.

S.109

Wie im ersten Kapitel bemerkt, haben die harten Naturwissenschaften seit noch nicht allzu langer Zeit die nötigen Computerressourcen, um komplexe Phänomene zu berechnen und auch zu visualisieren. Ähnliches gilt für die experimentelle Beobachtung, die dank des technologischen Fortschrittes eine immer höhere Auflösung in Ort und Zeit gewinnt, und daher mit zunehmender Genauigkeit z. B. Phänomenen der Selbstähnlichkeit auf vielen Skalen nachgehen kann. Damit ist eine wichtige Voraussetzung dafür gegeben, dass komplexe Systeme und allgemeiner die Perspektive der Komplexität in Zukunft zum Erkenntnisfortschritt beitragen können.

GLOSSAR

Agenten – Autonome, miteinander wechselwirkende oder kooperierende Elemente eines komplexen Gesamtsystems. *s. S. 25, 28f., 55*

algorithmische Komplexität – Erfasst die Komplexität eines Algorithmus in der Informatik oder Logik mit verschiedenen Maßen quantitativ, ▸ logische Tiefe, Kolmogorov-Komplexität. *s. S. 4, 112ff.*

seltsamer Attraktor – Raum-zeitliches Muster in chaotischen Systemen mit im Allgemeinen fraktaler Struktur. *s. S. 16, 23, 101*

Belousov-Zhabotinsky-Reaktion – Paradebeispiel einer chemischen Reaktion, die oszillierendes und chaotisches Verhalten zeigen kann. *s. S. 59ff.*

Bifurkation – Wörtlich Verzweigung; Aufspaltung eines Fixpunktes bei einem gewissen Wert des Kontrollparameters in zwei neue Punkte, die abwechselnd durchlaufen werden. *s. S. 16ff., 22ff.*

deterministisches Chaos – Phänomen, dass dadurch gekennzeichnetist, dass Bewegungen zwar durch physikalische Gesetze festgelegtsind, sich aber beliebig kleine Störungen (oder Abweichungen) in den Anfangsbedingungen aufgrund von ▸ Nichtlinearität ständig verstärken und zu unregelmäßigem und unvorhersagbarem Verhalten führen. *s. S. 82*

diskrete Abbildungen – Statt kontinuierlich in der Zeit wird die Entwicklung eines Systems stroboskopartig für Augenblicke $t_1, t_2, t_3, ...$ beschrieben. *s. S. 11, 106*

deduktiv – Vorgehensweise, bei der aus dem vorhandenen Ganzen Verständnis durch zunehmend detailliertere Betrachtung entsteht; im Zusammenhang komplexer Systeme auch als ›top-down‹-Zugang bezeichnet, Gegenpol: ▸ induktiv. *s. S. 7, 9*

dissipative Systeme – Systeme im ▸ Nichtgleichgewicht, die Energie an die Umgebung (zum Beispiel durch Reibung) abgeben. *s. S. 62*

Emergenz – Bezeichnet Eigenschaften eines komplexen Systems, die seine Einzelteile nicht besitzen und die erst durch das Zusammenwirken der Einzelteile (Agenten) entstehen. *s. S. 3, 27, 44*

Entropie – Thermodynamisches Maß für die Unordnung eines Systems; Shannon'sche Entropie beschreibt in der Informationstheorie den Informationsgehalt eines Systems, ▸ Kolmogorov Komplexität. *s. S. 27, 115*

erscheinende Komplexität – Bezeichnet Phänomene komplexen Verhaltens. Sie können je nach ihrer Natur durch einfache Vorschriften zustande kommen, ihre ▸ algorithmische Komplexität kann also sehr verschieden groß sein. *s. S. 115*

Fixpunkt – Ist der Punkt, an dem das Argument x einer Funktion f gleich dem Funktionswert ist: $f(x) = x$. *s. S. 14, 18f., 20f.*

Fraktal – Objekt gebrochener Dimension, etwa eine Linie (z. B. eine Küstenlinie), die so zerklüftet ist, dass ihre ▸ Hausdorff-Dimension größer als eins ist; typisches Strukturmerkmal chaotischer und komplexer Systeme, ▸ Selbstähnlichkeit. *s. S. 23f., 64ff., 87ff.*

geschlossenes System – Steht weder in stofflichem noch energetischen Austausch mit seiner Umgebung; wichtiges, idealisierendes Konzept der Physik. *s. S. 6*

Grenzzyklus – Periodische Bewegungsform, in die sich ein nichtlineares dynamisches System nach längerer Zeit hinein entwickelt. *s. S. 42*

Hausdorff-Dimension – Maß für Fraktale, die eine gebrochene (nicht ganzzahlige) Dimension haben; benannt nach ihrem Erfinder, dem Mathematiker Felix Hausdorff (1868–1942). *s. S. 89*

Iteration – Bezeichnet die wiederholte Anwendung einer Vorschrift auf das zuvor erhaltene Ergebnis: die Vorschrift »Setze einen Fuß vor den anderen« führt iterativ dazu, dass man eine gewisse Wegstrecke zurücklegt. *s. S. 12ff., 34f., 86*

induktiv – Vorgehensweise, bei der Schritt für Schritt neue Elemente hinzugenommen oder erschlossen werden; im Zusammenhang mit komplexen Systemen auch als ›bottom-up‹-Zugang bezeichnet, Gegenpol: ► deduktiv. *s. S. 7f., 25*

Intermittenz – Zufällige Wechsel eines Signals zwischen langem regulären und kurzem irregulärem Verhalten. *s. S. 22*

Kolmogorov-Komplexität – Quantitatives Komplexitätsmaß, das analog der ► Entropie Komplexität nach dem Grad von Unordnung misst. *s. S. 113ff.*

Kontrollparameter – Größe, die ein System (von außen) steuert und deren Änderung einen Phasenübergang bewirken kann, z. B. die Temperatur beim Schmelzen, ► Ordnungsparameter. *s. S. 55, 62, 100f.*

Kritische Phänomene – Treten z.B. an einem Phasenübergang auf und sind gekennzeichnet durch große Fluktuationen von Observablen. Dies weist auf kooperatives Verhalten hin, welches das System am kritischen Punkt skalenunabhängig macht. *s. S. 40ff., 15f., 31*

Linearität – Lineare Abhängigkeit gemäß einer Geraden $f(x) = m \cdot x + b$. Änderungen Δx führen zu Auswirkungen proportional zu Δx, nämlich $\Delta f(x) = m \cdot \Delta x$. *s. S. 6f.*

lineare Systeme – Entwickeln sich voraussagbar; ihre Reaktion auf eine Störung entspricht der Stärke der Störung, ▸ Linearität. *s. S. 6f.*

logische Tiefe – Quantitatives Komplexitätsmaß, das periodischen und zufälligen Strukturen geringe Komplexität zuweist. *s. S. 9, 115f.*

Lyapunov-Exponent – Charakteristikum chaotischer Dynamik; Exponent λ, der (falls positiv) das exponentielle Wachstum anfänglicher Unsicherheiten Δx für lange Zeiten t beschreibt: $\Delta x(t) = exp(\lambda\, t) \cdot \Delta x$. *s. S. 25, 59, 91*

mesoskopisch – Bezeichnet Regime zwischen mikroskopischen Systemen (der Quantenphysik) und makroskopischen (klassischen) Systemen. *s. S. 74ff.*

Nichtgleichgewicht – Charakterisierende Eigenschaft eines ▸ offenen Systems; Voraussetzung für Strukturbildung und für das Entstehen von Ordnung, ohne die Gesetze der Thermodynamik zu verletzen, welche besagen, dass global die Unordnung immer zunimmt. *s. S. 28ff., 47, 62*

Nichtlinearität – Ist die Voraussetzung für chaotisches und auch für komplexes Verhalten, Ursache und Wirkung stehen nicht in einem einfachen, linearen Zusammenhang, sondern es besteht eine komplizertere, häufig exponentielle Abhängigkeit: $f(x) = a \cdot exp(x)$. Dann hat eine kleine Änderung Δx eine exponentiell große Wirkung. s. S. 9, 70

offenes System – Charakterisiert durch die ständige Änderung mengenartiger Größen wie der Energie oder Teilchenanzahl. s. S. 47

Ordnungsparameter – Ein physikalische Systeme kennzeichnender Parameter, der den Unterschied zweier sich bei einem ▸ Phasenübergang ineinander umwandelnder Aggregatzustände quantitativ beschreibt. s. S. 100f.

Quantenchaos – Gebiet der Physik, das sich mit dem Einfluss von klassischem Chaos in Systemen der Quantenphysik beschäftigt. s. S. 82

Reduktion – Methode naturwissenschaftlichen Arbeitens, die ein Phänomen eingrenzt und auf seine wesentlichen Elemente beschränkt; geht oft mit einer Modellbildung einher. s. S. 6, 25f.

Renormierungstheorie – Bedeutendes Konzept der theoretischen Physik zur quantitativen und universellen Beschreibung kritischer Phänomene (z. B. mit Hilfe der stufenweisen Ersetzung atomarer Wechselwirkungen durch effektive Wechselwirkungen immer größerer Molekülgruppen). s. S. 21, 101

Selbstähnlichkeit – Eigenschaft von Objekten, die auf verschiedenen Längen- oder Zeitskalen ein ähnliches Muster bilden und daher skaleninvariant sind. s. S. 20ff., 84, 93

Selbstorganisation – Die Interaktion von Teilen eines Gesamtsystems führt »von selbst« und ohne äußeres Zutun zu Erscheinungsformen (z. B. Mustern oder Strukturen), die neuen (emergenten) Ordnungsprinzipien unterliegen. *s. S. 28ff., 44, 55*

selbstorganisierte Kritikalität – Konzept, das besagt, dass ausgedehnte Systeme im ▸ Nichtgleichgewicht dazu neigen, sich von selbst in einen kritischen Zustand fernab von einem stabilen Gleichgewicht zu entwickeln. *s. S. 54ff.*

Synergetik – Von Hermann Haken geprägter Begriff und damit bezeichnetes Konzept, das kooperative Phänomene in den Naturwissenschaften in den Vordergrund stellt; Beispiele sind Musterbildung fernab vom Gleichgewicht und positive Rückkopplungseffekte, wie sie in instabilen und nichtlinearen Systemen möglich sind. *s. S. 8*

Turbulenz – Zustand einer Flüssigkeit, der durch ein kompliziertes Wechselspiel von ineinander verschlungenen Strömungswirbeln gekennzeichnet ist. *s. S. 28, 57*

Unentscheidbarkeit – Begriff aus der mathematischen Logik; Aussagen, die innerhalb eines Axiomensystems gemacht werden, sind unentscheidbar, wenn mit Hilfe der Axiome weder ihre Wahrheit noch ihre Unwahrheit bewiesen werden kann. *s. S. 109ff.*

Zellulärer Automat – Mathematisches Modell, in denen die wechselwirkenden Einzelelemente eines (komplexen) Systems repräsentiert werden durch Zellen mit gewissen Werten (z.B. 0 und 1) und einfachen Regeln, die festlegen, wie diese Werte in jedem Zeitschritt geändert werden. *s. S. 31ff., 40f., 106ff.*

Literaturhinweise

EINFÜHRENDE LITERATUR

1 Greschik, S.: Das Chaos und seine Ordnung.
München 2001. *Eine Auswahl von Highlights
chaotischen und komplexen Verhaltens, einfach zu lesen.*

2 Pullman, B. (Hg.): The emergence of complexity, Proceedings, Plenary Session of the Pontifi-
cal Academy of Sciences 27–31 October 1992.
Princeton 1996. *Sammlung von Beiträgen auf
hohem Niveau von hervorragenden Gelehrten,
richtet sich an Leser ohne Fachhintergrund.*

3 Badii, R. und Politi, A.: Complexity. Cambridge
1997. *Fachbuch mit anspruchsvoller Darstellung verschiedener Konzepte der Komplexität,
für Studenten der Naturwissenschaften.*

4 Bak, P.: How Nature Works. New York 1996.
*Interessant geschriebene Darstellung komple-
xer Systeme für Leser ohne speziellen Fachhintergrund, mit starker Betonung des Prinzips der
selbstorganisierten Kritikalität.*

ÜBERBLICK

5 Complex Systems. Science 284, S. 80, 1999.
Nature 410, S. 241, 2001.

6 Ziemelis, K.: Nature Insight – Complex
systems. Nature 410, S. 241, 2001.

7 Mainzer, K. (Hg.): Komplexe Systeme und
nichtlineare Dynamik in Natur und Gesellschaft. Berlin 1999.

8 Ebeling, W., Freund, J. und Schweitzer, F.:
Komplexe Strukturen: Entropie und Informa-
tion. Stuttgart 1998.
Ebeling, W. und Feistel, R.: Chaos und Kosmos.
Prinzipien der Evolution. Heidelberg 1994.

9 Bossomaier, T. R. J. und Green, D. G.: Complex
Systems. Cambridge 2000.

KOMPLEXE PHÄNOMENE AUF DEM WEG
INS CHAOS

10 Briggs, J. und Peat, D.: Die Entdeckung des
Chaos. München 1990.

11 Schuster, H. G.: Deterministisches Chaos.
Weinheim 1995.

KOMPLEXE PHÄNOMENE DURCH INTERAKTION:
ZELLULÄRE AUTOMATEN

12 Langton, C. G.: Life at the Edge of Chaos.
In: Artificial Life II, SFI Studies in the Sciences
of Complexity, Vol. X, Addison-Wesley,
Reading, 1992.

13 Aleksić, Z.: Artificial life: growing complex
systems. In: Ref. [9].

14 Bak, P. und Chen, K.: Self-organized criticality.
Scientific American, Januar 1991. S. 26.

15 Kauffman, S. A.: The Origins of Order. Self-
Organization and Selection in Evolution.
Oxford 1993.

16 Green, D. G.: Self-organisation in complex
systems. In: Ref. [9].

17 Cariani, P.: Emergence and Artificial Life.
In: Artificial Life II, SFI Studies in the Sciences
of Complexity. Vol. X, Addison-Wesley,
Reading, 1992. S. 775.

GRANULARE MATERIE UND SELBSTORGANISIERTE
KRITIKALITÄT

18 Hong, D. C., Quinn, P. V. und Luding, S.: Reverse
Brazil Nut Problem: Competition between
Percolation and Condensation.
Phys. Rev. Lett. 86, S. 423, 2001.

19 Hermann, H. J. und Sauermann, G.: The shape
of dunes. Physica A 283, S. 24, 2000.

20 Noever, D.: Himalayan sandpiles.
Physical Review E 47, S. 724, 1993.

STRUKTURBILDUNG IN DER CHEMIE

21 Whitesides, G. M. und Ismagilov, R. F.: Complexity in Chemistry. Science 284, S. 89, 1999.

22 Müller, S. C. und Parisi, J.: Strukturbildung in
dissipativen kontinuierlichen Systemen.
Physikalische Blätter 54, S. 513, 1998.

Literaturhinweise

23 Bär, M. und Or-Guil, M.: Alternative Scenarios of Spiral Breakup in a Reaction-Diffusion Model with Excitable and Oscillatory Dynamics. Phys. Rev. Lett. 82, S. 1160, 1999.

KOMPLEXES VERHALTEN IN DER BIOLOGIE

24 West, G.B., Brown, J.H. und Enquist B.J.: A general model for the origin of allometric scaling laws in biology. Science 276, S. 122, 1997.

25 West, G.B., Brown, J.H. und Enquist, B.J.: The fourth dimension of life: Fractal geometry and allometric scaling of organisms. Science 284, S. 1677, 1999.

26 Whitfield, J.: All creatures great and small. Nature 413, S. 342, 2001.

27 Dodds, P.S., Rothaan, D.H. und Weitz, J.S.: Reexamination of the 3/4-law of metabolism. J. Theor. Biol. 209, S. 9, 2001.

KOMPLEXE QUANTENSYSTEME DER PHYSIK

28 Blümel, R., Davidson, I.H., Reinhardt, W.P., Lin, H. und Sharnoff, M.: Quasilinear ridge structures in water surface waves. Physical Review A 45, S. 2641, 1992.

29 Heller, E.J., Crommie, M.F., Lutz, C.P. und Eigler, D.M.: Quantum corrals. Nature 369, S. 464, 1994.

30 Bäcker, A.: Classical and Quantum Chaos in Billiards. Dissertation, Universität Ulm, 1998.

31 Richter, K.: Semiclassical Theory of Mesoscopic Quantum Systems. Berlin 2000.

32 Richter, K.: Quantenphysik am Rande des Chaos. Physik in unserer Zeit. Januar 2000, S. 22, 2000.

VERTIEFUNGEN

33 Mandelbrot, B.: The fractal geometry of nature. San Francisco 1982.

34 Peitgen, H.O. und Richter, P.H.: The beauty of fractals. Berlin 1986.

35 Feder, J.: Fractals. New York 1988.

36 Schroeder, M.: Fraktale, Chaos und Selbstähnlichkeit. Heidelberg 1994.

37 Lovejoy, S.: Area-perimeter relation for rain and cloud areas. Science 216, S. 185, 1982.

38 Physik – Themen, Bedeutung und Perspektiven physikalischer Forschung. Bad Honnef: Deutsche Physikalische Gesellschaft 2000.

39 Voss, R.V. und Clark, J.: 1/f noise in music: Music from 1/f noise. J. Acoust. Soc. Am. 63, S. 258, 1978.

40 Hofstadter, D.R.: Gödel, Escher, Bach. Stuttgart 1985.

41 Lovasz, L.: Information and Complexity: how to measure them. In: Ref. [2], S. 65.

42 Arecchi, F.T.: Complexity in Science: Models and Metaphors. In: Ref. [2], S. 129.

43 Wolfram, S.: The Mathematica Book. Cambridge 1999.

44 Bennett, C.H.: Dissipation, Information, Computational complexity and the definition of organisation, in Merging Syntheses of Science (ed. D. Pines). New York 1988.

45 Zipf, G.K.: Human Behavior and the Principle of Heart Effort. Cambridge 1949.

46 Chaitin, G.J.: Algorithmic information theory. Cambridge 1987.

47 Meinhardt, M. und Klinger, M.: A mode for pattern formation on shells of molluscs. J. Theor. Biol. 126, S. 63, 1987.

Abbildungsnachweise: Abb. 6 nach: [11]; Abb. 7 u. 8 nach: [8]; Abb. 11 u. 13: U. Goudschaal; Abb. 14 und 15 aus: [13]; Abb. 16 aus: [19]; Abb. 17 nach: [4]; Abb. 18 nach: [14]; Abb. 19 aus: [22]; Abb. 20 aus: [23]; Abb. 21 oben aus: [28]; Abb. 21 unten aus: [29]; Abb. 23 nach: [30]; Abb. 26 nach: [45]; Abb. 27 u. 28 nach: [1]; Abb. 32 u. 33 nach: [36]; Abb. 34 nach: [37]; Abb. 35 aus: [38]; Abb. 36: A. Jung; Abb. 37 aus: [47]; Tab. 1 und 2 nach: [25]. Da mehrere Rechteinhaber trotz aller Bemühungen nicht feststellbar oder erreichbar waren, verpflichtet sich der Verlag, nachträglich geltend gemachte rechtmäßige Ansprüche nach den üblichen Honorarsätzen zu vergüten.